하루 한 가지 채소요리

하루 한 가지 채소요리

이양지 지음

제철 채소로 만드는
세상에서 가장 건강한 한 끼

비타북스

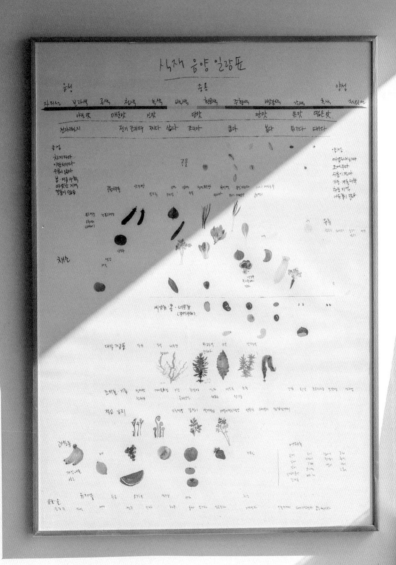

하루 세 번 밥상 차리기를 반복하다 보면 일주일이 금방, 한 달이
훌쩍 흘러갑니다. 몇십 년을 한결같이 차리는 밥상인데도 막상 끼니때가
되면 무엇 해볼까 고민에 빠지고 말지요. 이 순간이 되면 수강생분들이나
독자분들의 어려움에 더 깊게, 더 충분히 공감하게 됩니다.

그런데 저의 경우 해를 거듭할수록 이 고민의 시간이 점점 줄고
있습니다. 아니, 오히려 그 시간을 점점 즐기고 있다고 해도 좋을 듯해요.
작년 이맘때쯤에 찾아왔던 햇채소를 만나면 반가운 손님이 일 년 만에
찾아온 듯 설렙니다. '곧 있으면 해쑥을 만나게 되나. 아, 기다려진다' 이런
느낌 경험해보셨나요? 이쯤 되면 매일매일 밥상을 차리는 것이 더이상
수고로움이 아니고 즐거운 이벤트가 됩니다.

제가 요리 클래스의 수강생분들께 강조하는 것도 바로 이 계절마다
찾아오는 반가운 손님들에 관한 이야기입니다. 요리가 즐거워지고
내 몸이 건강해지려면 제철 식재료부터 알아야 해요. 막연하게 아는 것
말고, 인터넷에서 검색해서 아는 것 말고, 진짜로 아는 것이 중요합니다.
예를 들어 처음 새순으로 나오는 머위와 많이 자라나서 잎이 커진 머위의
맛이 어떻게 다른지, 내 입에는 어떤 머위가 맛있게 느껴지는지, 토마토는
언제 먹어야 속살이 꽉 차고 풍미가 좋은지 등을 말할 수 있어야 비로소
제대로 안다고 할 수 있습니다. 이러한 제철 감각은 단번에 생기지
않습니다. 외부에서 얻는 자료나 남의 이야기에 의존하지 않고 내가
몸으로 체험하고 시간을 들여 축적해야 합니다. 이렇게 쌓인 정보와
감각은 평생의 귀한 재산이 되지요. 다름 아닌 내 몸과 내 마음을 만드는
재료가 되는 음식에 관한 것이니까요.

이 책은 네이버 푸드판에 연재되었던 동영상인 〈마크로비오틱 한
가지 채소요리〉를 기본으로 해서 만들어졌어요. 〈한 가지 채소요리〉는
일주일에 한 가지씩, 가장 맛있는 제철 채소를 골라 소개하고 그것으로
만들 수 있는 요리를 알려드리는 성격의 프로그램입니다. 지금은 유튜브
채널 '이양지TV'를 통해서도 만나볼 수 있지요. 저는 이 프로그램을 통해
제철을 맞아 영양이 꽉 차고 맛이 한껏 오른 채소를 그때그때 바로바로
소개하고 싶었어요. 더불어 최소한의 재료와 심플한 조리법으로 요리하는
것이 채소 본연의 맛을 만끽할 수 있는 최고의 비법이라는 것을 알리고
싶었습니다. 제철이어야 한다는 제약과 단순한 조리법이라는 규칙 안에서
요리를 하는 데에 따르는 어려움도 있었지만, 결과적으로 좋은 반향을
일으켜 행복합니다. 장을 보고 있는데 알아보고 인사를 건네는 사람이
있었을 정도니 이만하면 나쁘지 않은 거겠지요? 흔한 채소, 쉬운 요리라서
많은 분이 부담없이 따라 할 수 있었고, 그러다 보니 그 맛을 이해하게 된
것 아닐까 싶습니다. 감사한 일입니다. 구독자분들의 응원 덕분에 1년간
신나고 힘차게 달릴 수 있었습니다.

지난 사계절, 이십사절기를 돌이켜보니 그냥 흘러간 것이 아니라 그
속에 저와 수강생분들, 구독자분들의 많은 이야기가 빼곡하게 들어있음을
알아차리게 됩니다.

이제 그 이야기를 독자분들과도 나누게 되었습니다. 책을 통해서
제철 채소를 둘러싼 이야기와 레시피, 하나하나 아낌없이 풀어놓을게요.
함께하는 독자분들 모두 자연이 제철 채소를 통해 선물하는 단순하면서도
풍요로운 밥상을 한껏 누리게 되길 기원합니다.

이 양 지

{ 春 }

⋮

봄

夏
::
여
름

{ 秋 }
∶
가을

冬
：

겨울

| 책의 활용법 |

① 제철 채소 가이드

이 책에 등장하는 모든 음식은 자연의 생명이 살아 숨쉬는
제철 채소를 기본 재료로 합니다. 제철 채소와 친해질 수 있도록
파트 앞부분마다 제철 채소를 가이드하는 코너를 만들었어요.
채소의 특징, 영양, 손질법, 보관법, 맛있게 먹는 법 등
유익한 정보를 만나보세요.

토마토

여름의 햇빛을 잔뜩 머금은 토마토는 봄의 것보다 맛이
한여름, 새빨갛게 익은 토마토에는 노화의 원인인 활성 산소를
제거하는 라이코펜 성분이 다량 포함되어 있으며 토마토를
흡수율이 높아지니 토마토를 익혀 조리하는 다양한 레시
이용하다. 토마토를 구매했다면 냉장고에 넣기보다

마늘종

마늘종은 마늘이 다 여물기 전 꽃대가 올라오는 줄기를 말한다.

햇양파

열무

③ 플러스 정보

요리에 대한 소개, 맛있게 만드는 비결, 색다른 조리법,
다양한 활용법 등 더 궁금한 부분을 정리했어요.

② 레시피

제철 채소 본연의 맛을 만끽할 수 있도록 최소한으로 조리했어요.
건강을 지켜주는 마크로비오틱 조리법을 참고하되,
정통 방식을 고집하지는 않았습니다. 누구나 친근하게 밥상에
올릴 수 있는 쉽고, 맛있고, 건강한 레시피예요.
분량은 그날 만들어 바로 먹기에 좋은 3~4인분 정도입니다.

아욱
두부조림

④ 팁

재료나 조리 도구가 없는 경우, 초보라서
요리에 익숙하지 않은 경우에도 쉽게
따라 할 수 있도록 친절한 팁을 준비했어요.

⑤ 포인트 체크

건강 밥상을 차리려면 흙이 그대로 묻어있는 싱싱한 채소를
준비해서 직접 손질하는 게 좋아요. 손질법을 몰라서,
손질할 자신이 없어서 채소요리를 망설이는 일이 없도록
어려운 부분만 콕 집어 사진을 통해 알기 쉽게 가이드합니다.

자연과 소통하는 조리법
마크로비오틱

마크로비오틱은 불과 몇 년 전만 해도 생소한 식사법으로 알려져 있었어요. 그런데 알고 보면 결코 생소하지만은 않습니다. 각 나라의 전통적인 식사 체계에 근간을 두고 있기 때문이지요. 음식을 포함해 어느새 자연과 너무 멀어져 버린 라이프 스타일을 성찰하도록 해주는 식사법이라고도 할 수 있습니다.

나는 자연 일부입니다. 그런데 내가 자연 일부라는 근거가 어디에 있을까요? 바로 자연에서 얻을 수 있는 물과 공기, 음식을 우리가 받아들이고 그것으로 생명을 유지하고 있다는 점입니다. 그렇다면 어떠한 음식이든 모두 자연의 것일까요? 아닙니다. 자연의 생명이 살아 숨쉬고 있지 않은 음식은 죽은 음식입니다. 백미를 물에 담가두면 끝내 썩어버리지요. 하지만 현미를 담가두면 발아합니다. 즉 현미가 더 생명력이 있는 음식인 셈입니다. 그리고 우리 역시 자연의 생명력이 들어있는 음식을 먹어야 자연 일부가 될 수 있습니다. 그 과정에서 내 몸과 마음이 생명의 빛을 냅니다. 인간은 자연을 떠나서는 살 수 없기 때문입니다. 자연과 단절된 죽은 음식만을 먹다 보면 결국 우리의 생명력과 건강 역시 저하됩니다.

마크로비오틱은 우리 선조들이 먹어왔던 방법 그대로의 조리법, 유전적으로 친숙한 식사법을 따릅니다. 먹을 수 있는 부분은 가능한 한 버리지 않고 재료 하나를 오롯이, 소화가 잘되는 방식으로 조리하여 먹습니다. 또한 마크로비오틱은 음양의 조화를 고려하여 식단을 세우고 음양의 힘을 더해 요리합니다. 이렇게 만들어진 음식을 먹는 사람은 그렇지 않은 사람보다 생명력이 더 빛나고 넘칠 것이 자명합니다. 이것이 바로 마크로비오틱 가정식의 힘입니다.

자연이 주는 선물
제철 채소

　제철 채소에는 우리가 그 계절에 잘 적응하여 건강하게 지낼 수 있게 만드는 힘이 있습니다. 자연은 늘 이렇게 우리가 건강을 지키고 질병에 대비할 수 있도록 우리보다 한 걸음 앞서서 제철 채소라는 선물을 준비해놓지요. 제철 채소는 그 계절의 기후 환경에 맞는 채소이기에 필요 이상의 비료나 농약을 쓰지 않아도 잘 큽니다. 맛과 영양소 역시 가장 풍부합니다.

　사실 요즘은 시설 재배와 유통이 발달해 계절의 구분 없이 온갖 채소와 과일을 구해 먹을 수 있습니다. 여름철의 뜨거운 더위, 한겨울의 코끝이 찡할 정도의 추위를 오롯이 느꼈던 적이 언제인가요? 아마 바깥 활동이 적은 사람이라면 계절의 변화를 거의 느끼지 못한 채 1년을 지낼는지도 모릅니다. 한겨울에 반소매 차림으로 여름 채소를 먹는가 하면, 한여름에 에어컨을 시원하게 틀어놓고 겨울 음식을 먹는 풍경은 더이상 낯설지 않습니다. 한겨울에 즐겨 먹었던 계절 음식을 한여름에 또 즐겨 먹는 풍경도 마찬가지입니다. 이런 상황이 반복되면 우리 몸은 제철의 감각을 잃어버리고 혼돈 상태가 되고 맙니다. 제철에 맞는 채소를 알고 적절한 조리 방법을 이용한 음식을 먹어야 우리 몸 역시 기후나 환경의 변화에 잘 적응하고, 항상 건강합니다.

　여러분들은 제철 채소를 얼마나 알고 계시나요? 단순히 구분 짓는 것마저 헷갈리는 사람이 점점 늘고 있어 안타깝습니다. 지금부터라도 각 채소가 가장 맛있고 영양이 풍부한 시기를 직접 체험하고 기록해보세요. 더 섬세한 미식의 즐거움에 빠지는 것은 물론 밥상이 더욱 아름답고 풍요로워지는 경험을 할 수 있을 거예요.

맛있는 채소요리를 위한
기본 양념

자연이 주는 선물인 제철 채소로 요리를 만들 때는 양념도 자연에서 찾아야
합니다. 자연에서 얻은 소금인 천일염, 자연의 힘으로 숙성시킨 된장이나 간장으로
간을 맞춰주세요. 또 신맛은 자연 숙성 식초로, 단맛은 자연에서 얻은 조청이나
메이플시럽으로 더해줍니다.

1 한식간장/ 양조간장

이 책에서는 전통 제법으로 발효시킨 한식간장을 기본 간장으로 사용한다.
흔히 국간장이나 집간장으로 불리지만 한식간장으로 적었다. 직접 담가 먹거나
원재료가 국산 대두, 천일염, 정제수로만 된 것을 구입해 먹어야 한다. 여러 해에
걸쳐 오랫동안 발효 숙성시킨 것이 풍미가 좋고 깊은 맛이 나서 채소요리를 했을
때 재료 본연의 맛을 잘 살려준다.
한식간장에 비해 양조간장은 대두 대신에 밀이나 잡곡을 섞어 외래 제법으로 만든
진한 맛의 간장이다. 한식간장보다 덜 짜고 단맛은 더 난다. 마크로비오틱에서는
본래 양조간장을 사용하지 않지만, 이 책은 정통 마크로비오틱 조리법보다는 제철
채소를 날마다, 맛있게 먹는 쪽에 더 중심을 두었기 때문에 부분적으로 활용했다.
양조간장을 구매할 때는 산분해 간장이나 인공 감미료, 방부제, 색소 등을 첨가한
제품은 반드시 피해야 하며 국산 콩, 우리밀, 천일염을 넣고 자연에서 숙성시킨
것을 골라야 한다.

2 된장/ 고추장

국산 콩과 국산 천일염을 사용하여 전통 방식으로 최소 1년간 항아리에서
발효시킨 된장을 고른다. 직접 담그면 가장 좋지만 시판 된장을 구매할 때는
원재료가 모두 국산인지, 식품 첨가물이 들어갔는지 등을 꼭 확인해야 한다.
고추장은 고춧가루, 메줏가루, 소금, 찹쌀 등의 재료가 전부 국산인 것으로
구매해야 하며, 그 해에 제조된 햇고추장이 가장 맛있다.

3 소금

천일염 중에서도 전통 방식으로 흙판을 다져서 바닷물을 가둬 증발시켜
만드는 토판염을 사용한다. 회색소금이라고도 불리는 토판염은 맛이 깔끔하고
부드럽게 짜며 칼슘, 마그네슘, 칼륨, 아연 등 몸에 좋은 천연 미네랄이 풍부하게
들어있다. 천일염을 고를 때라도 석면 및 다이옥신 검출 검사 등을 거쳐
안전하다고 확인된 제품인지 확인한다.
천일염 외에 암염이나 죽염을 사용하기도 한다. 재제염이나 정제염에 속하는
꽃소금, 구운소금, 맛소금 등은 사용하지 않는다.

4 식초

국산 현미를 원료로 자연 숙성 기간을 1년 이상 거쳐 만든 100퍼센트 천연
현미식초를 기본으로 쓰고, 보조적으로 사과식초, 포도식초 등을 사용한다. 그
외의 과일 식초, 특히 열대과일로 만든 과일 식초는 자연 숙성이라 해도 선호하지

않는다. 신토불이 원칙에 따라 국산 농산물이 우리 몸에 좋기 때문이다. 우리가 슈퍼에서 쉽게 구매할 수 있는 식초는 에탄올에 초산균을 넣고 각종 화학 물질을 첨가해 만든 합성 식초로 마크로비오틱 밥상에는 어울리지 않는다.

5 식물성기름

기름을 고를 때는 GMO(유전자 조작 농산물) 원료로 만들어진 것을 피하는 게 가장 중요하다. 국내에서 유통되는 대개의 식용유가 각종 약품으로 식품 속 지방을 녹여내서 만든 정제 식용유이므로, 생협 등에서 판매하는 압착 기름을 선택해야 안심된다. 구매 시 용량이 적은 것, 불투명한 유리병에 담긴 제품을 골라야 신선하게 섭취할 수 있다.

개인적으로는 볶음이나 부침용으로는 유채유(카놀라유는 대부분 GMO)를, 샐러드 등을 만들 때는 압착 올리브오일을, 발연점이 높아야 하는 튀김용 기름으로는 현미유나 포도씨유를 기본으로 사용하고 있다. 생식용으로는 들기름과 참기름, 올리브오일을 선호한다. 그중 특히 들기름은 되도록 볶지 않고 냉압착 방식으로 추출한 생기름을 먹는다.

6 조청

곡식을 엿기름으로 삭혀 고아서 만드는 조청은 설탕과 달리 다당류로 구성되어 혈당치에 주는 영향을 최소화할 수 있는 전통 감미료다. 한국의 마크로비오틱에서는 감미료로 설탕 대신에 조청을 기본으로 쓰는데, 특히 쌀조청을 추천한다. 쌀로 만들기 때문에 옥수수전분 등으로 만드는 물엿보다는 안전할 뿐 아니라 깊은 맛이 난다.

7 메이플시럽

메이플시럽은 단풍나무 수액을 채취하여 졸여서 만든 천연 시럽으로 마크로비오틱에서 쌀조청 다음으로 자주 사용하는 대체 감미료다. 반찬보다는 주로 과자나 디저트, 샐러드 소스, 음료를 만들 때 넣는 데 풍미가 좋고 은은한 오크 향이 있어 단맛이 기분 좋게 느껴진다.

8 올리고당

최근 들어 우리 식탁에서 설탕의 자리를 대신하고 있는 올리고당은 설탕보다 단맛은 떨어지지만 칼로리가 적고 식이섬유가 풍부해서 상대적으로 장 건강에 좋은 감미료다. 섭취하면 당질이 장내 소화 효소에 의해 분해되지 않고 대장까지 도달되어 비피두스와 같은 유익균의 수를 증가시키는 데 도움을 준다. GMO 원료를 배제하려면 생협 등에서 구매하는 것이 안전하다.

9 매실액

매실이 제철인 여름에 만들어두고 숙성시켜 먹는다. 매실과 유기농 황설탕을 같은 비율로 섞어 유리병에 넣고 설탕을 뒤섞어가며 1년 이상 발효시킨 뒤 체에 밭치면 완성된다. 진액만 받아 밀폐 용기에 보관하는데, 해를 묵힐수록 맛이 더 부드러워진다. 설탕 대신 넣으면 풍미를 더해줄 뿐 아니라 위장과 간의 건강을 좋게 하고 독성 물질을 분해하는 역할도 한다. 나물, 샐러드, 볶음 등 모든 채소요리에 두루두루 쓸 수 있다. 걸러낸 매실 살은 보관했다가 조림이나 샐러드에 넣기도 한다.

10 후추

후추는 가장 흔히 쓰이는 향신료로, 특유의 매콤한 향이 요리의 잡내를 잡아주고 풍미를 추가한다. 열매를 통짜로 건조한 통후추와 갈아 만든 분말 형태의 후춧가루 두 종류가 시판된다. 분말 형태보다는 통후추를 즉석에서 갈아 넣는 편이 풍미가 더 좋기 때문에 이 책에서는 그것을 기본으로 레시피를 작성했으며 편의상 '통후춧가루'로 표기했다. 익기 전의 열매를 껍질째 건조시킨 흑후추와 익은 후의 열매를 껍질 벗겨 건조시킨 백후추가 있는데, 흑후추는 향과 맛이 강하고 백후추는 향과 맛이 부드럽고 섬세하다. 정통 마크로비오틱에서는 음성이 강해서 꺼리는 향신료이므로 마크로비오틱에 입문하려는 사람이라면 가급적 적게 넣으면서 줄여나가야 한다.

맛있는 채소요리를 위한
기본 계량법

이 책은 계량스푼과 계량컵으로 재료의 양을 맞추었어요. 1큰술은 15㎖, 1작은술은 5㎖, 1컵은 200㎖에 해당합니다. 계량할 때는 너무 꾹꾹 누르지 말고 가볍게 가득 담아주세요. 계량컵이 없을 때는 종이컵으로 대체할 수 있습니다.

∘ **가루류**: 평평하게 깎아 담는다.

|1큰술|1/2큰술|1작은술|

∘ **액체류**: 넘치지 않을 정도로 가득 담는다.

|1큰술|1/2큰술|1작은술|

∘ **장류**: 약간 볼록할 정도로 가득 담는다.

|1큰술|1/2큰술|1작은술|

맛있는 채소요리를 위한

기본 썰기

채소는 어떻게 써느냐에 따라 재료의 활용도는 물론 맛과 모양이 달라져요.
제철 채소가 지닌 영양과 에너지를 남김없이 섭취할 수 있으면서도 보기에도 좋고
맛도 좋은 썰기 요령을 알려드릴게요. 더불어 약간의 요령이 필요한 채썰기 방법을
세 가지 채소를 통해 가이드합니다.

○ 여러 가지 썰기

반달썰기

둥근 채소를 길이로 반 가른
다음 얇게 썬다.

깍뚝썰기

정육면체에 가까운 모양으
로 네모지게 썬다.

송송썰기

파, 고추 등을 모양대로 얇게
썬다.

어슷썰기/다지기

칼의 방향을 어슷하게 해서
썬다. 어슷 썬 뒤 겹쳐서 채
썰기 하거나 여러 번 칼질해
서 잘게 다진다.

은행잎썰기

둥근 재료를 세로로 십(十)
자 모양으로 썬 다음 원하는
두께로 썬다.

나박썰기

얇고 네모지게 썬다.

◦ 실전 채썰기

양배추

① 양배추는 겉잎, 중간 잎, 속잎으로 나눈다.
TIP 겉잎은 볶음용, 중간 잎은 샐러드용, 속잎과 심은 국·찌개용이나 맛국물용으로 적당하다.

② 중간 잎을 도마에 올려 썰기 편한 자세를 잡는다.

③ 먹기 좋게 채를 썬다.

양파

① 손질한 양파를 세로로 반 가른다.

② 자른 단면이 도마와 맞닿도록 눕혀 밑동 부분을 브이(V)자 모양으로 잘라낸다.

③ 세로로 나 있는 섬유질 방향대로 칼날을 맞추어 채 썬다.

당근

① 당근은 껍질째 깨끗이 씻어 꼭지의 지저분한 부분을 얇게 돌려 깎아 정리한다.

② 손질한 당근을 얇게 어슷 썰기 한다.

③ 어슷 썬 당근을 비스듬하게 겹쳐놓고 채 썬다.

맛있는 채소요리를 위한

기본 맛국물

채소로 국을 끓이거나 조림을 할 때는 물론 볶음을 할 때도 사용하는 기본 맛국물 세 가지입니다. 시간 날 때 미리 만들어 냉장고에 넣어두면 요리 시간이 절약돼요.

○ 자투리채소국물

자투리 채소로는 껍질을 벗기지 않은 통양파, 브로콜리의 대 부분, 파 뿌리, 양배추의 심 부분, 당근 조각, 무 조각 등을 사용하면 된다. 채소의 양은 이 채소들을 모았을 때 양손에 가득할 정도면 적당하고, 물의 양은 재료 부피의 3배 정도면 적당하다.

재료
건다시마(5×10cm) 2장, 건표고버섯 5~6개,
자투리 채소 적당량(양손 가득),
물 적당량(재료 부피의 3배)

만드는 방법
① 건다시마와 건표고버섯, 자투리 채소를 전부 냄비에 넣고 재료 부피의 세 배의 물을 부어 약한 중불에 올린다.
② 서서히 끓기 시작하면 다시마는 건져내고 불을 최대한 세게 올린다.
③ 준비했던 물의 양에서 1/3 정도가 졸아들 때까지 끓여 체나 면포에 걸러 사용한다.

○ 다시마표고국물

재료

건다시마(5×10cm) 2장, 건표고버섯 5~6개,
물 7½컵(1.5ℓ)

만드는 방법

① 넉넉한 물에 건다시마와 건표고버섯을 넣고 부드러
　워질 때까지 최소 2시간 불린다.

② 냄비에 준비한 물과 재료를 모두 넣고 중불에서 서
　서히 끓인다.

③ 물이 끓기 시작하면 다시마는 건져내고 불을 최대
　한 세게 올린다.

④ 준비했던 물의 양에서 1/3 정도가 졸아들 때까지 끓
　여 체나 면포에 걸러 사용한다.

○ 다시마멸칫국물

재료

건다시마(5×10cm) 2장, 국물용 멸치 10개,
디포리(밴댕이) 3개, 물 7½컵(1.5ℓ)

만드는 방법

① 건다시마는 물에 부드럽게 불려둔다.

② 마른 냄비에 디포리와 멸치를 고소한 향이 닐 때까
　지 볶는다.

③ 1의 다시마 물을 2에 붓고 중불에서 서서히 끓인다.

④ 끓기 시작하면 다시마는 건져내고 불을 최대한 세
　게 올린다.

⑤ 준비했던 물의 양에서 1/3 정도가 졸아들 때까지 끓
　여 체나 면포에 걸러 사용한다.

1

春 夏 秋 冬
:
봄

봄동

초벌부추

양배추

1 봄동

봄동은 겨울을 지내고 노지에서 나오는 배추를 말한다. 보통 배추처럼 단단히 모인 결구 상태가 아니라 잎이 쫙 벌어진 형태로, 일반 배추보다 단맛이 강하고 고소한 맛이 일품인 봄 대표 채소다. 조직이 부드럽고 아삭해서 생채로 무쳐 먹기에도 알맞고, 겉절이를 만들어 먹거나 뜨거운 물에 데쳐 된장 양념에 버무려 먹어도 그만이다. 또 된장국의 재료로 활용하기도 한다.
봄에 나는 봄동은 특히 식이섬유와 비타민 C가 풍부하여 겨우내 부족했던 영양소를 보충하기에 안성맞춤이다.

2 초벌부추

추운 겨울 동안 겨울잠을 자던 부추가 봄이 오면 잎을 뻗어내기 시작하는데, 처음으로 고개를 내민 여린 새순을 초벌부추라고 한다. 대개 3월에 처음 나오며 자연의 에너지를 그대로 지녀 봄철 원기 회복에 도움이 된다. 초벌부추는 보통 부추에 비해 길이가 짧고 질기지 않은 연한 식감을 자랑하며 영양과 맛, 향 역시 뛰어나다.
부추에는 우리 몸을 따뜻하게 해주는 성질이 있고 자양 강장의 효과도 뛰어나기 때문에 나른한 봄철에 좋은 제철 재료라 할 수 있다.
부추는 열이 많아 쉽게 상하기 때문에 되도록 빠른 시일 내에 먹어야 하고 남은 부추는 물기를 잘 제거해 냉장고에 보관하도록 한다.

3 양배추

양배추는 추운 겨울을 나고 자라난 것, 즉 늦겨울 혹은 이른 봄에 수확된 것이라야 그 아삭한 식감과 달큰한 맛을 제대로 느낄 수 있다. 알배추나 봄동이 맛있을 때와 시기가 비슷하다.
양배추는 한 손으로 들었을 때 중심부에서 묵직한 느낌이 들 정도가 되어야 속잎이 꽉 찬 것이다. 특히 봄철 양배추에 많이 포함된 비타민 U는 위 점막을 튼튼하게 하고 위염과 위궤양을 예방해 위가 좋지 않은 이들에겐 보약이다. 식이섬유도 많아 변비 예방에도 좋다.
양배추를 보관할 때는 심 부분을 떼어내야 잎에 들어있는 맛 성분이 빠져나가지 않는다.

냉이

해쑥

달래

양파

4 냉이

냉이는 쌉쌀하면서도 향긋한 내음이 특징인 봄철 대표 나물 중 하나다.
최근에는 하우스에서 재배된 것들이 대부분인데, 자연의 힘을 받고 자라난
노지 냉이의 향과 맛은 하우스의 것과 비교할 수 없다. 되도록이면 이른 봄
야들야들하게 자라 올라온 노지 냉이를 놓치지 않아야 그 특별한 맛을 오롯이
즐길 수 있다.
무엇보다 냉이는 채소 중 드물게 뿌리와 줄기, 잎을 한꺼번에 먹을 수 있어서
마크로비오틱의 원칙에 매우 알맞은 채소다. 우리 몸속 간의 해독 작용을 돕고
눈에도 좋은 채소이니 제철에 꼭 한번 맛보기를 권한다.

5 해쑥

쑥은 봄을 알리는 전령과도 같은 나물로, 따스한 기운이 올라오기 시작하면
산과 들에 솜털이 보송한 어린 쑥이 고개를 내민다. 이것을 캐 된장국을 끓이면
누구나 겨우내 잃었던 입맛을 찾을 만큼 그 향과 맛이 대단하다.
쑥은 성질이 따뜻한 채소로 여성 질환에 매우 좋다. 또한 살균과 악취 제거에도
효과적이다. 간 기능 개선에도 도움이 되니 봄철 쑥이야말로 건강을 위한 보약인
셈. 다른 나물과 마찬가지로 쑥 역시 봄에 처음 나오는 어린 것이 가장 먹기 좋고
여름이 가까워질수록 뻣뻣해지니 참고하자. 봄철 채취한 쑥은 데쳐 얼려두면
계절에 상관없이 쑥개떡이나 찐빵, 수제비 등에 넣어 활용할 수 있다.

6 달래

달래는 봄이 되면 산과 들 지천에서 자라는 채소로 누구나 발견할 수 있는
봄나물이다. 마늘과 양파에 들어있는 성분인 알리신이 풍부해 콜레스테롤
조절이나 피로 해소, 봄철 춘곤증 예방에 매우 좋다.
달래는 알뿌리 쪽에 흙이 박혀있는 경우가 많아 일일이 뿌리 안쪽의 까만 부분을
떼어내야 한다. 다소 번거롭지만 봄철에만 맛볼 수 있는 특별한 재료이니만큼
이 정도의 수고는 감수할 만하지 않을까? 사용하고 남은 달래는 물기를 잘 털어
종이타월로 뿌리를 잘 감싸 밀폐 용기에 보관하면 오래 두고 즐길 수 있다.

7 양파

봄이 오면 묵은 양파로 견뎌야 했던 시간이 지나고 속살이 하얀 햇양파를 맛볼
수 있어 요리의 즐거움이 배가된다. 햇양파는 수분이 많아 생으로 먹어도 맵지
않고 풋풋한 향과 식감이 살아있다. 양파는 특히 열에 강한 편이라 볶거나 튀겨도

취나물

두릅

완두콩

영양 손실이 적어 다양한 방식으로 즐길 수 있다.

하얀 햇양파는 시간이 지날수록 바깥쪽 외피가 황갈색으로 변하면서 껍질처럼 섬유화가 진행되는데, 이 부위 역시 항산화 성분과 맛을 내는 요소가 풍부하므로 버리지 말고 국물을 우릴 때 등에 사용하면 좋다. 양파는 통풍이 잘 되도록 채반에 두거나 망에 넣어 걸어 보관하면 더욱 오랫동안 싱싱함을 유지할 수 있다.

8 취나물

독특한 향을 자랑하는 산나물인 취나물은 흔히 울릉취라 부르는 부지깽이나물부터 곰취, 미역취, 수리취 등 그 종류만 해도 여러 개다. 우리가 쉽게 접하는 취나물은 '참취'에 속하는 것이다.

봄철 취나물은 겨우내 쌓인 우리 몸속의 불필요한 노폐물과 염분 등을 배출하고 신진대사를 원활하게 도와주어 봄철 나른함을 예방하는 고마운 채소다. 봄에 넉넉할 때 삶아 말리면 추운 겨울에 특유의 향을 즐길 수 있다.

9 두릅

두릅은 봄철에 나오는 대표 채소다. 주로 참두릅이 익숙하지만 이는 두릅나무에서 나오는 순을 말하며 그 전에 땅두릅이 먼저 자라난다. 말 그대로 땅에서 나는 두릅의 새순을 말하며 엄나무 순에서 나는 개두릅도 있다. 종에 상관없이 모든 두릅은 향과 식감이 좋아 데쳐서 나물로 먹어도, 숙회로 초장에 찍어 먹어도 별미다.

두릅은 솜털이 보송보송하고 가시가 생생히 돋아있는 것이 신선하고 좋은 것이며 구입 후 보관할 때에는 스프레이로 물을 뿌린 뒤 신문지에 말아 밑동이 아래를 향한 상태로 냉장하는 것이 좋다. 두릅에는 사포닌이 들어있어 혈액 순환과 혈당을 조절하는 효과가 있다.

10 완두콩

봄을 알리는 초록빛 콩, 완두콩은 봄철에 그 맛이 가장 뛰어나다. 완두콩은 완전히 익을 때까지 삶지 않으면 쉽게 풋내가 나기에 삶을 때 유의해야 한다. 소금을 넉넉하게 넣어 삶으면 풋내를 피할 수 있다. 완두콩에는 비타민 B_1이 풍부해 피로가 심한 이들에게 매우 좋다. 또 위장과 대장 기능에도 도움이 된다. 구입한 완두콩은 밀폐 용기에 넣어 냉동실에서 보관했다가 요리를 할 때 나누어 사용하면 편리하다.

+

샐러드를 만들 때 제철의 곡류를
삶아서 넣으면 포만감이 있어 식사
대용으로도 좋다. 봄동의 아삭한
식감과 탱글탱글 씹히는 늘보리의
구수한 맛, 친숙한 드레싱의 맛이 잘
어우러지는 샐러드다.

봄동
늘보리샐러드

재료

봄동 250g
늘보리 2큰술
물 2컵
통깨 2작은술

드레싱

된장 1큰술
양조간장 1큰술
매실액 2½큰술
현미식초 1큰술
참기름 1큰술
생강즙 1/2작은술

만드는 방법

1 늘보리는 깨끗이 씻은 뒤 두 컵 분량의 물과 함께
   삶는다. 보리가 충분히 부드럽게 삶아졌으면 체에
   밭쳐 찬물에 헹구고 물기를 뺀다.

2 봄동은 잎을 하나씩 떼어 흐르는 물에서 깨끗하게
   씻은 뒤 먹기 좋게 한 입 거리로 뜯는다.

3 드레싱 재료를 믹서에 넣고 된장의 콩 입자가
   느껴지지 않을 정도로 곱게 갈아 준비한다.

4 커다란 볼에 준비한 늘보리와 봄동을 넣고
   드레싱과 함께 잘 버무린 다음 통깨를 뿌려
   완성한다.

봄동
바지락조림

달큼한 봄동과 살이 통통하게
올라오기 시작한 바지락을 함께
조린 밥반찬이다. 조미료나 소금을
넣지 않아도 바지락의 엷은 짠맛과
감칠맛이면 충분히 맛있는 요리로
취향에 따라 초간장을 곁들여
먹을 수 있다.

재료

봄동 300g
바지락 500g
대파 약간
청주 3큰술
한식간장 1/2큰술

만드는 방법

1 바지락은 소금물에 담가 해감해서 냄비에 넣고
청주를 부은 후 뚜껑을 닫아 한소끔 끓인다.

2 바지락이 입을 열면 바로 불에서 내리고 살을
발라낸다.

3 바지락을 삶은 물에 봄동의 잎을 뜯어 넣고 뚜껑을
닫아 조린다. 그사이 대파는 다져놓는다.

4 봄동이 숨이 죽으면 한식간장을 넣고 뒤적여
불에서 내린 후 바지락과 다진 대파를 넣고 섞어
요리를 완성한다.

부추와 양파에 이미 알싸한 맛과 향이
충분하기에 양념에는 마늘이 들어가지
않는 독특한 겉절이다. 부추가 연한
봄철에 생으로 즐길 수 있는 유용한
레시피다.

부추
겉절이

재료

부추 200g
양파 1/2개
통깨 적당량

양념

한식간장 2½큰술
매실액 2큰술
고춧가루 2½큰술
현미식초 1/2큰술
참기름 1/2큰술

만드는 방법

1 부추는 깨끗이 씻은 뒤 물기를 잘 털어 3~4cm
   길이로 썰어 준비한다. 양파는 얇게 채 썬다.

2 커다란 볼에 양념 재료를 모두 넣고 골고루
   섞는다.

3 양념에 부추와 양파를 넣어 버무리고 통깨를 뿌려
   요리를 완성한다.

이색
부추장아찌

재료

부추 300g

당근(작은 것) 1개

소스

한식간장 1/2컵

현미식초 1/4컵

매실액 3큰술

조청 4큰술

물 4큰술

만드는 방법

_1_ 당근은 새끼손가락 크기로 길게 자른다.

_2_ 부추는 깨끗이 씻어서 끓는 물을 부어 숨을 살짝
죽인 뒤 두 줄기를 한 묶음으로 삼아 잘라둔
당근을 말아 고정시킨다.

_3_ 소스 재료를 냄비에 모두 넣고 센 불에서 끓여
장아찌 소스를 만든다.

_4_ 2를 용기에 차곡차곡 담은 뒤 3의 소스가 아직
뜨거울 때 모두 붓는다. 소스의 열기를 완전히
식힌 다음 뚜껑을 닫아 보관한다.

_5_ 하루 동안 실온에서 보관한 다음 소스를 따로
냄비에 부어 한 번 더 끓인다. 소스를 식힌 뒤 다시
용기에 부어준다. 3일 뒤에 이 작업을 한 번 더
반복한 뒤 냉장고에 두고 먹는다.

양배추
구이

+

조리를 시작하기 전 30분 정도 채소를
물에 담가두는 것이 채소요리의 기본
원칙인데 이는 채소가 밭에서 우리
손에 오기까지 갈증 상태에 있기
때문이다. 조리 직전까지 채소를 물에
담가두면 막 따온 것처럼 싱싱한
상태로 되돌아가 채소 볶음을 할 때
물이 흥건해지거나 쉽게 타는 것을
방지할 수 있어 재료의 아삭한 식감과
단맛이 더욱 살아난다.

재료

양배추 1/4통
식물성기름 약간
소금·통후춧가루 약간씩

만드는 방법

1 양배추는 조리 전 30분 정도 찬물에 담가두어
  준비한다. 싱싱하게 살아난 양배추는 물기를 빼고
  한 입 크기로 썬다.

2 팬을 뜨겁게 달군 뒤 식물성기름을 두르고
  양배추를 올린다. 양배추를 뒤집개로 눌러가며
  갈색을 띨 때까지 굽는다.

3 소금과 통후춧가루를 뿌려서 간을 해 요리를
  완성한다.

양배추의 두꺼운 줄기 부분은, 칼을 눕혀 2~3mm 두께로
포 뜨듯 저며내는 것이 요령이다.

사워크라우트

+

독일식 양배추김치라고 부를 수
있는 사워크라우트. 샌드위치 속으로
넣어도 되고 고기 요리에 곁들여도
잘 어울린다. 신기하게도 양배추를
소금으로 주물러놓으면 발효가 되어
새콤달콤한 맛으로 변하는데, 그
과정을 거치면 젖산균이 풍부해져서
장에 유익한 프로바이오틱스를
음식으로 섭취할 수 있다.

재료

양배추(작은 크기) 1통(1kg)

소금 1큰술

캐러웨이 씨드(또는 쿠민 씨드나
월계수잎) 약간

만드는 방법

1 양배추는 너무 곱지 않게 2~3mm 두께로 채 썬다.

2 채 썬 양배추에 소금을 뿌리고 손에 힘을 줘가며
   박박 주무른다. 양배추의 숨이 죽고 물기가 배어
   나오면 준비한 캐러웨이 씨드를 넣고 섞어준다.

3 열탕 소독한 용기에 양배추를 꾹꾹 눌러가며 채워
   넣고 비닐을 밀착시켜 덮은 뒤 무거운 것으로 눌러
   새콤한 피클 맛이 날 때까지 발효시킨다.
   tip 봄·가을에는 3~4주, 여름에는 2주, 겨울철에는 5주 정도
   발효시키는 것이 적당하다.

+

아침에 부담없이 먹을 수 있는 따끈한
죽이다. 냉이의 향과 맛을 십분 즐길
수 있는 음식으로 냉이의 반은 갈아서
현미밥과 함께 푹 끓이고 나머지 반은
거칠게 썰어넣어 씹는 식감 또한 살렸다.

냉이
현미죽

재료

냉이 150g
현미밥 1공기
다시마표고국물(33쪽 참고)
3~3½컵
잣 1큰술
된장 2큰술
소금 약간
참기름 약간

만드는 방법

1 냉이는 깨끗이 씻은 뒤 끓는 소금물에 데친다.

2 데친 냉이 중 반은 다시마표고국물 1컵과 함께
믹서에 곱게 간다. 나머지 반은 먹기 좋은 크기로
썰어 준비한다. 잣은 다져놓는다.

3 냄비에 현미밥과 곱게 간 냉이, 남은
다시마표고국물을 붓고 푹 끓인다.

4 현미밥이 푹 퍼지면 된장을 풀고 소금으로 간을
맞춘 다음 썰어둔 냉이를 넣어 섞는다. 곱게 다진
잣과 참기름을 뿌려 요리를 완성한다.

냉이는 누런 잎을 떼고 물에 흔들어가며 깨끗이 씻은 뒤 뿌리와 줄기 사이에
경계선처럼 박힌 흙 자국을 칼로 잘 긁어낸다. 뿌리 쪽도 살펴서 흙 자국이
있으면 칼로 살살 긁어낸다.

냉이페스토
카나페

바질페스토보다 더 맛있고 봄철에만 즐길 수 있는 계절 한정 소스가 바로 냉이페스토다. 냉이 외에도 제철에 나오는 향긋한 나물을 이용하여 조금씩 만들어 먹으면 좋다. 견과류는 캐슈너트, 호두, 아몬드 등 가지고 있는 것을 활용하면 되고 양조간장을 몇 방울 넣으면 우리 입맛에 친숙한 맛을 낼 수 있다. 빵에 곁들여도 좋고 파스타를 삶아 버무리면 훌륭한 요리로 즐길 수 있다.

재료

냉이 50g

견과류(캐슈너트, 호두, 아몬드 등) 4큰술

올리브오일 6큰술

양조간장 2~3방울

소금·통후춧가루 약간씩

바게트 슬라이스 8~10장

만드는 방법

1 냉이는 끓는 소금물에 데쳐 건져내고 물기를 꼭 짠 뒤 잘게 다진다.

2 믹서에 잘게 다진 냉이와 견과류, 올리브오일, 양조간장을 넣고 곱게 간다.

3 소금과 통후춧가루로 간을 맞춘 뒤 바게트 슬라이스에 발라 요리를 완성한다.

+

생쑥을 데쳐서 갈아 넣어 만든 라테는
밖에서는 쉽게 먹지 못할 특별한 간식이
될 수 있다. 특히 해쑥이 많이 나오는
봄철에는 그 풋풋한 향과 맛을 더욱
진하게 즐길 수 있으니 시도해보자.

쑥
두유라테

재료

쑥 30g
무가당두유 2컵
소금 약간
메이플시럽 1~2큰술

만드는 방법

1 쑥은 끓는 물에 데쳐서 채반에 밭친 뒤 물기를 꼭
  짜고 잘게 송송 썬다.

2 쑥을 믹서에 넣고 무가당두유를 부은 뒤 소금 한
  꼬집을 넣어 곱게 간다. 취향에 따라 메이플시럽을
  넣어 단맛을 추가한다.

+

우리통밀가루에 쑥을 갈아 넣은 반죽으로 끓여낸 향긋하고 구수한 들깨칼국수. 반죽을 미리 만들어 냉장고에서 숙성시키면 더욱 쫄깃한 식감을 즐길 수 있다. 수제비에 고기를 넣지 않은 대신 곁들이는 양념장에 표고버섯을 잘게 다져 넣어 식감을 살렸다. 표고버섯은 국물을 우리고 남은 것을 쓰면 된다.

쑥
들깨칼국수

재료

쑥 100g

우리통밀가루 1½컵

다시마표고국물(33쪽 참고) 5컵

물 1/2컵

들깻가루 4큰술

소금 약간

양념장

부추 15~20줄기(30g)

표고버섯 2개

한식간장 2큰술

들기름 1큰술

고춧가루 1/2큰술

만드는 방법

1 쑥은 끓는 물에 데친 후 물기를 꽉 짠다.

2 믹서에 데친 쑥과 물 1/2컵을 함께 넣고 곱게 간다.

3 우리통밀가루, 소금, *2*를 한데 넣고 치대 반죽을 만든다. 완성된 반죽은 젖은 면포를 덮어 30분~1시간 휴지시킨다.

4 휴지시킨 반죽을 2~3mm 두께로 민 다음 남은 밀가루를 뿌려가며 썰기 좋게 겹친다. 접어둔 반죽을 1cm 너비로 썰어 칼국수 면을 완성한다.
    tip 면을 모두 썬 다음에는 남아있는 밀가루를 툴툴 털어낸다.

5 양념장에 들어갈 부추와 표고버섯을 잘게 다져 준비한 뒤 남은 재료와 함께 골고루 섞어 양념장을 완성한다.

6 냄비에 다시마표고국물을 넣고 끓인다. 팔팔 끓을 정도가 되면 만들어둔 칼국수 면을 넣어 끓이고 면이 익으면 들깻가루를 푼다.

7 그릇에 칼국수를 옮겨 담고 준비한 양념장을 고명처럼 올려 요리를 완성한다.

칼국수를 만들 때는, 밀가루를 밀어놓은 반죽 전체에 고루 뿌리고 10cm 폭으로 겹쳐 접은 다음 1cm 너비로 썰어준다.

+

향긋하고 알싸한 맛을 가진 달래는
곱게 다지면 그 향이 더 진해진다. 쉽게
볼 수 있는 평범한 마늘빵에 향긋한
달래 소스를 발라 구우면 차원이 다른
감칠맛과 고소한 향에 어른은 물론
아이들도 좋아하는 특별한 간식이 된다.

달래
마늘빵

재료

바게트(30cm 길이) 1개

소스

달래 10~15줄기(20g)
올리브오일 1/4컵
메이플시럽 2½큰술
다진 마늘 1작은술
소금 약간

만드는 방법

1 달래는 잘게 다진다.

2 올리브오일에 메이플시럽을 조금씩 넣어가며
　거품기로 잘 섞은 다음 나머지 소스 재료를
　넣어 섞는다. 다져놓은 달래도 함께 넣어 골고루
　섞는다.

3 바게트에 2cm 간격으로 칼집을 깊게 넣어준다.

4 준비해둔 달래 소스를 바게트 칼집 사이사이에
　발라준 다음 180도로 예열한 오븐에서 10~15분
　정도 노릇노릇하게 굽는다.

달래는 알뿌리 사이 동그랗게 콕 박힌 흙을 손가락으로
떼어낸 뒤 수염 같은 뿌리를 잘 씻어 손질한다.

풋풋한 향과 아삭한 식감을 자랑하는
햇양파를 생으로 즐기기에 알맞은
요리법이다. 요리를 시작하기 전
양파를 찬물에 담가두면 매운맛도
빠지고 식감도 살아난다. 참나물
대신에 부추를 사용해도 좋다.

햇양파
생채

재료

햇양파 2개
참나물 7~8줄기

양념

한식간장 1/2큰술
매실액 1½큰술
고운 들깻가루 1큰술
생들기름 1/2큰술
현미식초 1/2작은술
소금 약간

만드는 방법

1 양파를 곱게 채 썰어준 뒤 찬물에 10분 정도
담가둔다.

2 참나물은 3~4cm 길이로 썬다.

3 양념 재료를 골고루 섞는다.

4 물에 담가뒀던 양파의 물기를 잘 털어낸 뒤
참나물과 함께 양념에 살짝 버무려 요리를
완성한다.

+

양파칩은 한 번 튀길 때 넉넉히
만들어놓은 뒤 밀폐 용기나 비닐
팩에 넣어 보관하면 카레라이스나
샐러드, 수프 등의 토핑으로
유용하게 사용할 수 있다.

스파이시 양파칩

재료

양파 3개
식물성기름 적당량

튀김가루

우리밀가루 1컵
카레가루 1작은술
소금 약간

만드는 방법

1 양파는 얇게 채 썬다.

2 튀김가루 재료를 골고루 섞은 뒤 양파에 충분히
문힌다.
tip 여분의 가루는 털어내야 더욱 깔끔한 튀김을 완성할 수
있다.

3 180도로 끓는 기름에 *2*를 넣어 튀긴다. 튀김이
갈색을 띨 때까지 튀겨준다.
tip 너무 뒤적거리지 않아야 가루 옷이 벗겨지지 않고 더욱
바삭하게 튀겨진다.
tip 미리 만들어두고 다른 요리에 활용할 목적이라면 기름에
튀긴 다음 160도로 예열한 오븐에서 15~20분간 구워내는
방식이 좋다. 그래야 더욱 바삭거리고 보존성도 높아진다.
보관할 때는 밀폐 용기에 담아 냉장고에 넣어둔다.

+

향이 강한 만큼 호불호가 있을 수 있는
취나물은 미리 살짝 데친 뒤 다시
볶아주면 누구나 무난하게 즐길 수
있는 반찬이 된다.

취나물
볶음

재료

취나물 300g

마늘 1개

홍고추 1개

청주 2큰술

한식간장 1큰술

식물성기름 약간

참기름·통깨 적당량석

만드는 방법

1 취나물은 깨끗하게 씻어 끓인 소금물에 살짝
데쳐낸다. 채반에서 그대로 식혀서 물기를 짠다.

2 마늘은 곱게 다지고 홍고추는 얇게 송송 썰어
준비한다.

3 팬에 식물성기름을 두르고 준비한 마늘과
홍고추를 약불에서 향이 나도록 볶는다.

4 3에 취나물을 추가한 뒤 센 불에서 재빠르게
볶으면서 청주와 한식간장으로 간을 한다. 불에서
내린 후 참기름을 떨어뜨리고 통깨를 뿌려 요리를
완성한다.

취나물
솥밥

+

취나물의 향이 가득 담겨있는
솥밥이다. 마크로비오틱에서는
통곡물인 현미멥쌀로 밥을 짓기
때문에 오랫동안 물에 불려야
부드러운 식감을 즐길 수 있는데, 만약
현미가 부담스럽다면 칠분도미나
오분도미로 대체해도 좋다.

재료

취나물 250g
현미 2½컵
기장 1/2컵
물 4½컵
건다시마(5×10cm) 1장
소금 약간

양념장

한식간장 2큰술
다진 파 3큰술
다진 마늘 1작은술
참기름 1큰술
생수 2큰술
통깨 약간

만드는 방법

1 현미는 잘 씻어서 하룻밤(최소 6시간) 동안 불려
  준비한다. 기장은 씻어 체에 밭친다.

2 취나물은 끓는 소금물에 살짝 데친 후 그대로 식혀
  물기를 짠다.

3 솥에 준비한 현미와 기장을 넣은 뒤 취나물도 함께
  넣어 섞는다.

4 물 4½컵을 3에 부은 뒤 건다시마를 넣고 약간의
  소금 간을 해 밥을 짓는다. 센 불에서 5분간
  끓이다가 불을 약하게 줄여 25분 가열한 뒤 불을
  끄고 10분간 뜸을 들인다.

5 준비한 재료를 모두 섞어 양념장을 만들어 곁들여
  낸다.

+

두릅이 너무 굵다면 두릅의 밑동에
칼집을 넣어 데쳐야 속까지 골고루 잘
익힐 수 있다. 소스를 발라 구울 때에는
약불에서 천천히 굽는 것이 타지 않게
익히는 요령이다.

두릅
꼬치구이

재료

두릅 8개
새송이버섯 2개
식물성기름 약간
대꼬챙이 8개

양념장

양조간장 2큰술
청주 2큰술
조청 2큰술
생강즙 약간

만드는 방법

1 두릅은 밑동 부분에 깊숙하게 칼집을 넣은 뒤
　끓는 소금물에 넣어 1분 정도 데쳐 건져낸다. 삶은
　두릅은 길이로 반 갈라 준비한다.

2 새송이버섯은 엄지손가락 크기로 썬다.

3 대꼬챙이에 두릅과 새송이버섯을 번갈아 끼운다.

4 양념장 재료를 작은 팬에 모두 넣고 센 불에 끓인
　뒤 약불에서 졸인다.

5 달군 팬에 기름을 두르고 3을 올린다. 꼬챙이에
　끼운 재료 위에 준비한 양념장을 붓으로 3~4회에
　걸쳐 덧발라가며 약불에서 서서히 구워 완성한다.

두릅은 밑동에 붙어있는 거친 껍질을 떼어낸다.
두툼한 것은 밑동에 칼집을 2cm 정도 깊이로 넣어 준비한다.

두릅의 맛과 향, 모양까지 살린
초밥으로, 봄철 나들이를 위한 도시락
메뉴로 안성맞춤이다. 생유부를
사용하는 것이 가장 좋지만 여의치
않다면 흔히 구할 수 있는 조미유부를
활용해 간단하게 만들 수 있다.

두릅
유부초밥

재료

두릅 8개
오분도미밥
(또는 백미밥) 2공기
무 적당량
조미유부 8장

단촛물

매실액 3큰술
현미식초 1½큰술
소금 약간

양념장

양조간장 약간
겨자 약간

만드는 방법

_1_ 두릅은 밑동 부분에 깊숙하게 칼집을 넣은 뒤 끓는
    소금물에 넣어 1분 정도 데쳐 건져낸다.

_2_ 삶은 두릅은 길게 자른다.

_3_ 단촛물 재료를 모두 섞어 준비한다.

_4_ 필러를 이용해 무를 길게 떠 모양으로 밀어 자른
    뒤(총 8가닥) 준비해둔 단촛물에 30분 정도 절여
    건진다.

_5_ 따뜻한 현미밥에 _4_의 무를 건져낸 단촛물을 끼얹어
    비빈다.

_6_ 단촛물에 비빈 밥을 유부에 채워 넣은 뒤 그 위에
    두릅을 얹고 무로 감싸 고정시켜 요리를 완성한다.
    취향에 따라 겨자와 양조간장을 섞어 양념장을
    만들어 찍어 먹는다.

완두콩
양파볶음

+

완두콩을 삶아낸 뒤 물에 그대로
담아둔 상태에서 식히면 겉면이
쪼글쪼글해지지 않고 탱탱함을
유지한다. 이 요리는 완두콩과 달달한
양파를 함께 볶아 밥에 곁들여 먹는
색다른 메뉴로 풋풋한 제철 채소
두 가지를 동시에 즐길 수 있다.

재료

완두콩 2/3컵

양파 1개

현미밥 2공기

건고추(또는 홍고추) 1개

마늘 1개

식물성기름 약간

소금 · 통후춧가루 약간씩

레몬 적당량

만드는 방법

1 소금을 넉넉히 넣은 물에 완두콩을 넣고 삶는다.
완두콩이 익어 동동 떠오를 때 1~2분 더 삶아서
불을 끈 상태 그대로 식힌다.

2 양파는 채 썰어 준비하고, 건고추는 손으로
굵직하게 부순다. 마늘은 얇게 저민다.

3 팬에 식물성기름을 두르고 부순 건고추와 저민
마늘을 약불에서 볶아 향을 낸다.

4 3에 양파를 넣어 함께 볶다가 약간 기름이 돌면
완두콩을 추가해 볶아주면서 소금과 통후춧가루로
간을 한다.

5 현미밥 위에 4를 올리고 취향에 따라 레몬즙을 뿌려
완성한다.

+

대장 기능이 좋지 않아 습관적으로
설사를 자주 하는 분들에게 좋은
수프다. 완두콩으로 끓이면 너무 묽기도
하고 비릿한 맛도 강한데, 밥을 넣어
같이 끓이면 이를 보완할 수 있다.

완두콩 현미수프

재료

완두콩 1컵
양파 1/2개
현미밥 1/3공기
다시마표고국물(33쪽 참고) 2컵
한식간장 1작은술
식물성기름 약간
소금·통후춧가루 약간씩

만드는 방법

1 양파는 곱게 채 썰어 준비한다.

2 냄비에 식물성기름을 두른 뒤 양파를 진한 갈색이
날 때까지 센 불에서 볶는다.

3 2에 완두콩과 현미밥을 넣고 다시마표고국물을
부어 현미밥이 퍼질 때까지 푹 끓인다. 완두콩 5알
정도를 따로 건져둔다.

4 3을 믹서에 넣고 곱게 간 뒤 한식간장과 소금,
통후춧가루로 간을 맞춘다.

5 수프를 그릇에 담고 건져둔 완두콩을 올려 요리를
완성한다.

수프를 끓일 때 현미밥은 현미 외피가 터져서 속에 흰 살이
보일 정도로 푹 퍼질 때까지 삶는다. 완두콩은 완전히 익어
비린내가 나지 않을 정도가 되어야 한다.

2

春夏秋冬
：
여
름

토마토

마늘종

깻잎

열무

1 토마토

여름의 햇빛을 잔뜩 머금은 토마토는 봄의 것보다 맛이 좋다.
한여름, 새빨갛게 익은 토마토에는 노화의 원인인 활성 산소를
제거하는 라이코펜 성분이 다량 포함되어 있으며 토마토를 익혔을 때 그
흡수율이 높아지니 토마토를 익혀 조리하는 다양한 레시피를 알아두면
유용하다. 토마토를 구매했다면 냉장고에 넣기보단 실온에 보관해
자연스러운 단맛이 올라오도록 하자. 빨갛게 익은 토마토는 흐르는
물에 깨끗이 씻어 껍질째 활용한다.

2 마늘종

마늘종은 마늘이 다 여물기 전 꽃대가 올라오는 줄기를 말한다.
마늘과 같은 알싸한 매운맛이 돌지만 그리 진하지 않아 반찬을
만들기에 적당하다. 오뉴월, 우리 땅에서 자란 마늘종이 가장 연하고
맛이 좋으며, 색이 누레지면 식감이 질겨지니 피하는 것이 좋다. 초여름
수확된 햇마늘종으로 구입해 줄기 중간 봉긋하게 솟은 매듭을 제거하고
조리한다.

3 깻잎

깻잎이 사실은 여름 작물이라는 것을 아는 사람이 몇이나 될까?
초여름의 연한 깨순은 물론이고 한여름의 깻잎은 생것 그대로 양념장을
발라 장아찌나 김치를 만들어 여름 내내 밥반찬으로 활용할 수 있다.
특히 깻잎은 철분이 다량 포함되어 있어 30g을 먹는 것만으로도 하루
섭취량을 모두 충족할 수 있을 정도다. 깻잎의 독특한 성분이 식중독을
예방해준다고 하니 여름에 이보다 더 유용한 채소가 또 있을까.

4 열무

열무는 늦봄부터 초가을까지 여름철 김치 재료로 많이 사용하는
채소로 비타민 A와 필수 미네랄, 식이섬유가 풍부하다. 비타민 A는
상처 난 점막이 빠르게 회복되도록 도와주고, 식이섬유는 배변 운동을
활발하게 만들어 대장 속의 각종 독소가 몸 밖으로 빠져나가도록
유도한다. 생열무의 아삭하고 상큼한 맛은 놓칠 수 없는 여름철 별미.
데쳐 조리할 때는 너무 살짝 익히면 풋내가 나고 너무 오래 삶으면
질겨지므로 주의해야 한다.

오이

양상추

애호박

풋고추

5 오이

한껏 물이 오른 오이의 시원하고 상큼한 맛은 여름에만 누릴 수 있는 제철의
맛이다. 초여름에 먹으면 여름철 부족한 수분을 보충해주는 것은 물론 뜨거웠던
열감을 내려준다. 여름의 오이는 씨가 적고 쓴맛이 나지 않아 생으로 먹기에도
좋고 다양한 요리에 활용하기에도 좋다.
오이에 풍부한 칼륨은 염분과 노폐물의 배출을 돕고, 엽록소와 비타민 C는 피부를
곱게 한다. 오이 가시가 선명한 것이 신선하다는 표시이며 꼭지가 달린 부분이
너무 넓지 않은 것이 쓴맛이 덜하니 오이를 고를 때 참고한다.

6 양상추

푸릇한 기운이 좋아 호기롭게 양상추를 한 통 산 뒤에는, 어쩐지 어중간하게
남은 반토막이 냉장고 한 구석을 차지하고 있을 때가 많다. 양상추 한 통을
심플하게 마음껏 즐길 수 있는 요리가 필요한 이유다.
양상추의 가운데 줄기를 자르면 쓴맛이 나는 진액이 나오는데 최면과 진통 효과가
있어 긴장된 몸을 이완해주고 불면증에도 도움이 되니 살뜰이 활용할 것. 푸른
겉잎이 풍성한 것을 고르는 것이 싱싱한 양상추를 고르는 비법이다. 요리하기
전 15분 정도 물에 담가두면 잎이 파릇하게 살아난다. 보관할 때는 물에 젖은
종이타월을 뿌리 부분에 대고 구멍 뚫린 봉투에 넣어두면 오래 신선하다.

7 애호박

최근에는 비닐하우스의 발달로 계절과 상관없이 다양한 채소를 손쉽게 구할
수 있지만, 그럼에도 제철의 재료가 가지는 싱그러움은 대체할 수 없다. 비닐
인큐베이터에서 자라난 것보다 자유롭고 건강한 땅의 기운을 오롯이 받고 자란
열매가 더 에너지를 충만하게 품고 있기 때문이다.
애호박은 꼭지에 잔털이 선명하게 살아있고 연한 연둣빛을 띠며 알이 굵은 것이
좋다. 숭덩 썰어냈을 때 이슬처럼 맺히는 진액에는 혈당을 조절하고 치매를
예방하는 성분이 들어있다.

8 풋고추

고추의 매운맛은 막힌 기운을 뚫고 더위를 식혀주는 효과가 있을 뿐만 아니라
풍부한 비타민 C는 여름철에 꼭 필요한 영양소다. 가만히 앉아만 있어도 등
뒤에 땀이 맺히는 여름날에 유난히 알싸하고 매콤한 고추의 강렬함이 당기는
이유도 실은 이 때문이 아닐까. 최근에는 그저 혀를 아리게 만드는 강렬한 맛의

감자

가지

옥수수

외래 고추를 즐기는 사람도 있지만, 은근한 매운맛이 매력인 우리나라 재래종 고추는 조리해 먹어도 맛있고 '아기작' 베어 물기만 해도 입안 전체가 개운하고 시원해진다.

9 감자

수미, 두백, 남작, 선농, 홍감자 등 다양한 품종의 감자는 각기 식감과 특색이 달라 어울리는 조리법 역시 제각각이다. 요즘엔 분(粉)이 많이 나고 식감이 부드러운 수미와 두백의 재배가 많다.
햇감자는 5월부터 8월까지 출하되는 것을 말하며 푸른빛이 돌지 않고 부슬부슬 껍질이 일어나 있는 것이 특징으로, 비타민 B₁과 비타민 C가 풍부해 잘만 비벼 씻으면 껍질째 먹어도 좋다. 그러나 저장 감자는 반드시 껍질을 벗기고 싹이 난 부위를 도려낸 뒤 먹어야 안전하다.

10 가지

가지야말로 여름이 제철인 채소로 여름부터 가을까지 그 맛이 제대로 오른다. 비닐하우스에서 재배한 것과 비교하면 여름철 뜨거운 노지에서 재배한 가지가 그 맛이나 영양에서 월등하므로 여름을 놓치지 말 것. 가지의 보랏빛을 내는 색소인 안토시아닌은 항산화 작용이 뛰어난 성분으로 암, 동맥경화, 고혈압 등을 예방하고 노화를 방지하는 효과가 있어 주목받고 있다. 기름을 잘 흡수하는 특징이 있는데, 가지를 식물성기름과 함께 조리하면 리놀레산과 비타민 E를 효과적으로 섭취할 수 있다.
가지는 꼭지의 가시가 선명한 것, 그리고 오묘한 보랏빛 껍질이 매끄럽고 윤기가 나는 것을 골라야 한다. 가지는 추위를 싫어하는 채소로 냉장고보다는 실온에서 보관하는 것이 더 좋다.

11 옥수수

옥수수는 한때 강원도에서 생산되는 찰옥수수가 주를 이뤘는데, 최근 몇 년 사이 제주도의 초당옥수수가 큰 인기를 끌고 있다. 찰옥수수는 그 찰기와 맛이 곡류나 채소에 가깝다면 초당은 그 아삭한 식감과 단맛이 과일에 가깝다 할 정도로 뛰어나다. 가히 무더운 한여름의 별미라 불릴 만하다. 옥수수는 수확 후 급격히 맛이 떨어지는 채소이므로 구입 후 바로 삶아 냉동 보관하는 것이 좋다. 옥수수수염이 떨어지지 않도록 겉잎 몇 장을 남긴 채 삶는 것이 옥수수 맛을 살리는 비법이다.

단호박

고구마순

호박잎

12 단호박

단호박은 토(土)의 기운을 가진 작물로 단맛이 풍부한 채소다. 늦여름에서
가을로 넘어가는 길목에 내 몸의 에너지를 재정비할 뿐만 아니라 우리 몸에
부드럽게 소화 흡수되는 질 좋은 탄수화물을 포함하고 있으니 여름이 가기 전
빼놓지 않고 챙겨야 한다. 풍부한 베타카로틴은 항산화 작용을 통해 노화를
방지해주고, 풍부한 섬유질은 배변을 원활하게 한다. 단호박은 씨와 타래를
깨끗이 긁어낸 다음 냉장고에 보관하면 더욱 오래 즐길 수 있다.

13 고구마순

나물 재료로 흔하게 쓰이는 고구마순은 고구마의 여린 줄기를 뜻한다. 빨간
빛깔을 띠는 것은 밤고구마의 줄기, 초록빛을 띠는 것은 호박고구마의 줄기다.
여린 고구마 줄기는 식감을 위해 섬유질을 제거해야 하는데, 뜨거운 물에
삶았다 건져낸 뒤 찬물에 식혀서 작업하면 손톱에 끼지 않아 편리하다. 제철의
고구마순을 먹기 좋게 손질한 다음 시래기처럼 말려 보관하면 한겨울, 여린 나물이
그리울 때 물에 불려 사용할 수 있다.

14 호박잎

호박잎은 호박의 어린잎을 딴 것으로 섬유소와 비타민이 풍부하다.
여름부터 가을에 걸쳐 수확하지만 확실히 여름에 나오는 어린 것이 맛이 좋다.
잎에 보송한 잔털이 있는 것이 특징인데 한 번 쪄내면 부드러워진다. 호박잎을
다듬을 때는 줄기 끝을 조금 꺾어 내려 얇은 섬유질을 벗겨내야 한다.
한꺼번에 많은 양을 찜통에 넣고 오랫동안 찌면 무르고 풀 냄새가 날 수 있으니
주의할 것. 중간 크기의 것 열 장을 기준으로 한 번에 3~5분 정도 찌는 것이 가장
좋다.

토마토와 된장이라는 독특한 조합으로
볶아낸 이 요리는 반찬은 물론
덮밥으로도 활용할 수 있다. 속이 꽉
찬 달콤한 토마토를 색다르게 만날 수
있는, 초여름에 어울리는 요리다.

토마토
된장볶음

재료

방울토마토 20개
다진 마늘 1/2작은술
올리브오일 1~2큰술
통후춧가루 약간

양념장

된장 1큰술
청주 2큰술

만드는 방법

1 방울토마토는 모두 꼭지를 떼고 씻어 준비한다.

2 양념장에 들어갈 된장을 절구에 곱게 빻아 덩어리
   없이 만든 뒤 청주와 섞어둔다.

3 팬에 올리브오일을 둘러 달군 뒤 방울토마토와
   다진 마늘을 함께 넣고 볶는다.

4 방울토마토의 껍질이 조금씩 벗겨지면 양념장을
   끼얹어 볶아준 뒤 통후춧가루를 뿌려 마무리한다.

토마토는 센 불에 재빠르게 볶아내야
수분이 배출되지 않아 요리를
깔끔하게 완성할 수 있다. 반찬은 물론
덮밥으로도 활용할 수 있어 유용하다.

토마토
두부덮밥

재료

완숙 토마토 2개

두부 150g

현미밥 3~4공기

쪽파 3대

소금 1큰술

참기름 1큰술

다진 생강 1/2작은술

다진 마늘 1/2작은술

된장 1큰술

한식간장 1큰술

만드는 방법

1 두부는 사방 1.5cm 크기로 깍둑 썬다. 소금을 뿌려
   수분이 배어 나오면 잘 닦아 준비한다.

2 잘 익은 완숙 토마토는 두부보다 조금 큰
   크기(2cm)로 깍둑 썰어 준비한다.

3 쪽파는 새끼손톱 길이로 썰어 고명으로 준비한다.

4 팬에 참기름을 두르고 다진 생강과 다진 마늘을
   넣어 향이 나도록 볶다 두부를 넣고 굽듯이
   볶는다.

5 4에 토마토를 넣고 센 불에서 볶다 된장과
   한식간장으로 간을 한 다음 현미밥 위에 올리고
   쪽파를 뿌려 요리를 완성한다.

홈메이드
토마토페이스트

+

토마토가 넉넉한 봄이나 여름에
만들어두면 두루두루 활용할 수 있다.
입맛에 따라 유기농 황설탕으로 단맛을
보충하거나 로즈메리나 오레가노, 바질
등을 넣어 향을 더하는 것도 괜찮다.
냉장실에서 일주일, 냉동실에서는 한 달
정도 보관 가능하므로 냉장고에 넣었다가
파스타나 피자, 딥을 만들 때 꺼내어
사용해보자.

재료

방울토마토 3kg
올리브오일 3~6큰술
소금 약간

만드는 방법

1 방울토마토는 꼭지를 떼고 반으로 자른 뒤 손으로
   눌러 물컹한 씨를 제거한다.

2 오븐용 팬에 겹치지 않게 두고 140~150도로
   예열한 오븐에 넣어 꼬들한 식감이 될 때까지 약
   1시간 동안 굽는다.

3 오븐에서 구워 말린 토마토와 소금을 믹서에 넣고
   올리브오일을 여러 번에 나눠 넣어가며 곱게 간다.

4 냉장고에 보관해두고 사용한다.

마늘종
연근볶음

마늘종을 소금으로 간해 가볍게 볶아낸
반찬으로, 마늘종은 제철이 아니면
국산을 구하기 힘들기에 늦봄이나
초여름에 꼭 한번 식탁에 올려야 한다.
제철이 아닐 때 나오는 마늘종은 대부분
중국산이다. 마늘종이 나온 다음에
햇마늘이 나오기 시작한다.

재료

마늘종 200g
연근 1/4개(100g)
식물성기름 적당량
소금 · 통후춧가루 적당량씩

만드는 방법

1 마늘종을 길게 반으로 가른 뒤 손가락 두 마디(4~5cm)
길이로 자른다.

2 연근은 얇게 썬 뒤 4등분 해 은행잎 꼴을 만든다.

3 팬에 기름을 두른 뒤 연근을 넣고 연한 갈색이 될
때까지 볶는다.

4 팬에 마늘종을 추가해 볶는다. 소금과 통후춧가루로
간을 맞춰 요리를 완성한다.

줄기 중간에 봉긋하게 솟아있는 매듭을 제거해 사용해야 더욱 부드러운
식감으로 즐길 수 있다. 더불어 길이로 반 갈라 속살이 드러난 상태에서
조리하면 양념이 쉽게 배어 풍미가 살아난다.

곤약은 특유의 냄새가 있어 채를 썬
다음 굵은소금에 버무려 끓는 물에
데쳐내 사용해야 한다. 오독오독한
마늘종의 식감과 탱글한 곤약의 식감이
어우러져 여름철 별미가 되어준다.

마늘종
곤약조림

재료

마늘종 250g

곤약 100g

참기름·통깨 적당량씩

양념장

한식간장 2큰술

청주 2큰술

조청 2큰술

고춧가루 1작은술

만드는 방법

_1_ 마늘종을 손가락 두 마디(4~5cm) 길이로 자른다.

_2_ 곤약도 마늘종과 동일한 길이로 채 썰어 준비한다.

_3_ 분량의 재료를 섞어 양념장을 만든다.

_4_ 냄비에 마늘종과 곤약, 양념장을 함께 넣고
양념장이 완전히 배어들 때까지 조린다. 참기름과
통깨를 뿌려 요리를 완성한다.

부드럽고 고소한 맛이 일품인 깻잎찜은
입맛 잃은 여름에 어울리는 요리다.
요리 과정에서 한껏 올라간 멸치의
감칠맛이 깻잎과 잘 어울릴 뿐만 아니라
요리의 완성도를 높여준다.

깻잎찜

재료

깻잎 120g
중멸치 10개

양념장

다진 양파 5큰술
다진 청고추 2큰술
다진 홍고추 2큰술
다진 마늘 1/2큰술
한식간장 2큰술
청주 2큰술
고춧가루 1작은술
물 4큰술

만드는 방법

1 깻잎은 깨끗이 씻어 물기를 털어 준비한다.

2 멸치는 머리와 내장, 뼈를 제거한 뒤 마른 팬에
   살짝 볶아 손으로 작게 부셔 준비한다.

3 준비한 재료로 양념장을 만들어 멸치와 섞는다.

4 냄비에 깻잎을 동그랗게 돌려 담는다. 이때 두
   장씩 겹칠 때마다 양념장을 얹어 차곡차곡 쌓는다.

5 센 불에서 익히다 양념이 끓으면 약불로 조절해
   7~10분간 쪄낸다.

냄비의 모양에 맞춰 깻잎 꼭지가 바깥쪽을 향한 상태로 깻잎을 쌓아올린다.
깻잎의 맨질맨질한 앞면이 위를 향하도록 한다.

열무와 유부라는 독특한 조합의
요리다. 본격적인 조리를 시작하기 전
준비한 채소를 15분 정도 물에 담가
두었다 사용하면 싱싱하고 아삭한
채소의 식감을 살릴 수 있다.

열무
유부볶음

재료

열무 250g

생유부 4장

마늘 1개

홍고추 1개

한식간장 1½큰술

식물성기름 2큰술

참기름 적당량

만드는 방법

1 열무는 뿌리까지 깨끗하게 다듬어 5~6cm 길이로
   자른 다음 찬물에 15분 정도 담가둔다.

2 생유부는 대각선 방향으로 4등분 한다.

3 마늘은 칼등으로 짓눌러 준비하고 홍고추는 어슷
   썰어둔다.

4 팬에 기름을 두르고 마늘과 홍고추를 볶아 향을
   내다가 물기를 뺀 열무를 뿌리부터 줄기와 이파리
   순으로 넣어 볶는다.

5 잘라둔 생유부를 넣고 함께 볶다가 열무의 숨이
   죽으면 한식간장을 넣어 간을 맞춘 뒤 불을 끈다.

6 접시에 옮긴 뒤 참기름을 떨궈 향을 더한다.

열무는 뿌리를 남겨둔 상태에서 흙을 깨끗이 제거하는 것이 중요하다.
흙이 많이 묻어있는 뿌리의 겉 부분은 칼로 얇게 벗겨낸다.

오이
생강볶음

+

찬 성질의 오이는 생으로 먹어도
좋지만 익혀 먹었을 때에도 독특한
풍미를 자랑한다. 깔끔한 맛을
원한다면 아래 소개한 레시피처럼
오이만을 볶아내는 것이 좋고,
더욱 풍부한 맛을 즐기려면 얇게 썬
소고기채를 같이 볶아내면 된다.

재료

오이 2개

생강(1~1.5cm) 1조각

불린 다시마(5×10cm) 1개

표고버섯 1~2개

한식간장 2큰술

참기름 1큰술

소금 적당량

만드는 방법

1 오이는 손가락 하나 크기로 썬 뒤 한식간장에
버무려 15분 정도 절여둔다.

2 생강과 불린 다시마, 표고버섯은 채 썰어 준비한다.

3 절인 오이를 손으로 눌러가며 물기를 짜낸다.

4 팬에 참기름을 둘러 달궈준 뒤 생강을 넣어 향이
나도록 볶는다.

5 오이와 다시마, 표고버섯을 한꺼번에 넣어 센
불에서 볶아준 뒤 소금으로 간을 맞춘다.

+

빵과 상큼한 오이의 독특한 조합이
여름과 잘 어울리는 샌드위치다.
더운 여름날 간단하면서도 든든한
한 끼로 손색없으니 상큼한 오이의
맛이 절정을 이루는 여름에 꼭
시도해볼 것.

오이
샌드위치

재료

오이 2개
식빵 4장
하우다치즈 슬라이스 2장
올리브오일 적당량
소금 1작은술

만드는 방법

1 오이는 길게 반으로 썬 다음 얇게 어슷 썰어
  소금에 버무려 15분 정도 절인다.

2 식빵은 두 장을 한 세트로 삼고, 각각의 한쪽 면에
  올리브오일을 얇게 바른다.

3 절여둔 오이에서 물기가 나오면 면포를 이용해
  물기를 꼭 짜 준비한다.

4 식빵, 하우다치즈, 오이, 식빵의 순으로 샌드위치를
  쌓아올린다.
  tip 하우다치즈 대신 체더치즈 슬라이스를 사용해도 좋다.

5 약 10분 정도 휴지시킨 뒤 샌드위치를 먹기 좋게
  잘라 완성한다.

통양상추
샐러드

+

샐러드를 만들다 보면 부재료에 대한
욕심이 생겨 이것저것 추가하게 되고
그러다 보면 정작 주인공인 양상추가
밀려나 버리기 일쑤다.
이 레시피는 양상추의 고소한 맛에만
집중해 양상추를 마음껏 먹을 수 있도록
준비한 것이다. 양상추는 칼날이 닿으면
갈변되기 쉬우니 손으로 먹기 좋은
크기로 뜯어 사용하는 것이 좋다.

재료

양상추 1통
캐슈너트 4큰술
식물성기름 적당량

드레싱

플레인요거트 5큰술
크림치즈 2큰술
올리브오일 1큰술
레몬즙 1/2큰술
홀그레인머스터드 1큰술
소금 · 통후춧가루 약간씩

만드는 방법

1 양상추는 반, 혹은 1/4로 쪼갠 뒤 차가운 물에 담가
   푸릇하게 살린다.

2 팬에 기름을 두르고 캐슈너트를 튀기듯 갈색으로
   볶아낸다.
   tip 캐슈너트가 없다면 아몬드로 대체해도 좋다.

3 드레싱 재료인 플레인요거트와 크림치즈,
   올리브오일, 레몬즙을 믹서에 넣고 곱게 간다.

4 믹서로 갈아 준비한 드레싱에 홀그레인머스터드를
   넣은 뒤 소금과 통후춧가루로 간을 해 완성한다.

5 물기를 제거한 양상추를 손으로 적당한 크기로
   뜯어 접시에 담은 뒤 준비한 드레싱과 캐슈너트를
   뿌려 완성한다.

양상추
달걀샐러드

+

양상추와 달걀 두 가지 재료만 있으면
만들어낼 수 있는 리얼 심플 샐러드로,
드레싱도 정말 간단해서 식초, 오일,
소금, 후추만 넣고 섞으면 된다.
드레싱은 상큼하고 달걀은 고소해서
맛도 조화롭다. 열량이 적어 다이어트
샐러드로도 제격.

재료

양상추 1통
달걀 2개

드레싱

올리브오일 3큰술
화이트발사믹식초 1½큰술
소금 약간
통후춧가루 약간

만드는 방법

1   양상추는 잎을 뜯어 차가운 물에 15분 정도 담가
    싱싱하게 살린다.

2   달걀은 완숙(끓는 물에 약 12분)으로 삶은 뒤 흰자와
    노른자를 분리한다.

3   달걀흰자는 잘게 썰고, 노른자는 체에 걸러 고운
    가루로 만든다.

4   준비한 재료를 잘 섞어 드레싱을 만든다.

5   양상추의 물기를 털어 먹기 좋은 크기로 뜯어낸
    뒤 흰자와 함께 그릇에 담는다. 섞어둔 드레싱을
    끼얹은 후 노른자 가루를 뿌려 완성한다.

애호박찜

모든 재료를 예쁘고 정갈하게 썰어내는
것이 보기 좋은 요리를 완성하는 데
필요한 과정이지만 애호박만큼은
무심한 듯 마음대로 썰어 익히는 것이
좋다. 애호박이 머금은 수분과 특유의
맛 성분이 빠져나가는 것을 막아
감칠맛을 살리는 효과가 있기 때문이다.

재료

애호박 1개
새우(중하) 4마리
대파 적당량
물 3큰술
참기름 약간

양념장

한식간장 2½큰술
매실액 2/3큰술
참기름 1큰술
다진 마늘 1작은술
생강즙 1작은술
올리고당 1작은술
통깨 1작은술

만드는 방법

1 애호박은 한 입 크기로 썰어 준비한다.

2 새우는 껍질을 제거한 뒤 거칠게 다진다. 대파는
채를 썰어 준비한다.

3 냄비에 애호박과 물 3큰술을 넣고 뚜껑을 닫은 채
찌듯이 익힌다.

4 양념장 재료를 한데 섞은 뒤 껍질을 벗겨 준비한
새우를 넣고 다시 한 번 잘 섞어준다.

5 애호박이 적당히 익었으면 애호박 위에 *4*를 고루
얹은 뒤 새우가 빨갛게 익을 때까지 익혀준다.

6 접시에 옮겨 담고 참기름과 채 썬 대파를 올려
요리를 완성한다.

애호박
빵가루구이

재료

애호박 1개
우리밀가루 적당량
빵가루 적당량
식물성기름 적당량
소금·통후춧가루 약간씩

밀가루 반죽

우리밀가루 1컵
물 3/4컵
소금 적당량

만드는 방법

1 애호박은 1.5cm 두께로 썰어준 뒤 소금과
   통후춧가루를 양면에 뿌려 15분 정도 놔둔다.

2 재료를 모두 섞어 밀가루 반죽을 준비한다.

3 빵가루는 절구에 빻아 곱게 만든다.

4 준비한 애호박에 우리밀가루, 밀가루 반죽, 빵가루
   순으로 옷을 입힌다.

5 기름을 넉넉하게 두른 팬에 **4**를 올리고 양면을
   노릇하게 구워 요리를 완성한다.

풋고추
된장물김치

재료

풋고추 300g
부추 40g
양파 1개
석이버섯 약간
소금 1작은술

소금물

굵은소금 3/4컵
물 2½컵

양념장

된장 3큰술
다진 마늘 2큰술
한식간장 1큰술
매실액 2큰술
생강즙 1작은술
생수 2컵

밀가루풀

밀가루 1큰술
물 3큰술

만드는 방법

1 풋고추는 꼭지를 따고 길게 칼집을 넣어 씨를
   털어낸 뒤 소금물에 30분간 절여놓는다.

2 부추와 양파는 3cm 길이로 채 썰어 준비한다.

3 석이버섯은 끓는 물에 데친 후 동일한 크기로 채
   썰어 2와 한데 넣고 소금 1작은술에 버무려 절인다.
   tip 석이버섯은 물에 불려 칼끝으로 지저분한 것을 긁어낸
   뒤 끓는 물에 살짝 넣었다가 빼는 느낌으로 데친다. 없으면
   목이버섯을 쓰거나 생략해도 된다.

4 풋고추 속에 3를 채워 넣는다.

5 양념장으로 쓰일 된장과 다진 마늘을 생수에 풀어낸
   다음 체에 걸러 건더기를 제거해 다른 양념 재료와
   섞는다. 밀가루풀을 쑤어 이것도 함께 섞는다.
   tip 밀가루풀은 밀가루 1큰술에 물 3큰술을 잘 섞어준 다음
   저어가며 끓여 만든다. 재료가 반투명해질 때까지 끓이면
   완성.

6 4를 커다란 통에 담고 5를 부어 실온에서 2~3일간
   익힌 뒤 냉장고에 넣어 보관한다.

+

감자를 통째로 삶아 쪄낸 요리로 감자의
맛과 영양을 오롯이 먹을 수 있다.
포슬포슬한 감자와 차가운 시금치
소스가 잘 어우러져 여름철 간단하지만
근사한 한 그릇 요리로 손색없다.

통감자와
그린카레소스

재료

감자(중간 크기) 2~3개

소스

시금치 2~3뿌리
캐슈너트(또는 아몬드) 1큰술
올리브오일 3큰술
카레가루 약간
소금 적당량

만드는 방법

1 감자는 깨끗이 씻어 껍질째 찜기에 쪄낸 뒤 껍질을
   벗긴다.

2 시금치는 끓는 물에 데친 뒤 짧게 썰어 준비한다.

3 데쳐놓은 시금치를 비롯해 소스 재료를 모두
   믹서에 넣어 곱게 간다.

4 삶아놓은 감자에 소스를 곁들여 보기 좋게 접시에
   담는다.

한여름 시원한 맥주와 잘 어울리는
요리다. 알감자를 사용하는 것이
제격이긴 하나, 여의치 않다면 작은
크기의 감자를 사용하면 된다. 감자를
노릇노릇하게 구워내는 것이 포인트.

감자
올리브오일구이

재료

감자(작은 크기) 6~8알
마늘 3개
올리브오일 4큰술

소스

다진 적양파 3큰술
다진 파슬리 1큰술
다진 청고추 1큰술
올리브오일 2큰술
화이트발사믹식초 1큰술
레몬즙 1½큰술
소금·통후춧가루 적당량씩

만드는 방법

1 감자는 껍질째 찜기에 20분 정도 찐다.

2 감자를 찌는 동안 마늘을 거칠게 다져 올리브오일을
   두른 팬에 볶는다. 갈색이 될 때까지 약불에서
   천천히 볶는 것이 요령이다. 익은 마늘은 건져둔다.

3 소스 재료를 골고루 섞어 준비한다.

4 찐 감자를 도톰한 행주 사이에 두고 손바닥으로
   힘주어 눌러 납작하게 만든다.

5 마늘 기름이 담겨있는 2의 팬에 감자를 올린 뒤
   한 번 더 올리브오일을 둘러준다. 뚜껑을 닫고
   중불에서 갈색이 돌 때까지 굽는다.

6 감자가 다 익으면 그릇에 옮겨 담은 뒤 2에서
   건져둔 마늘, 3에서 준비한 소스를 뿌려 완성한다.

찜기에서 쪄낸 감자는 행주 사이에 놓고
손으로 지그시 눌러 납작하게 만든다.

+

말린 가지의 꼬들한 식감이 매력적인
요리다. 가지를 말린 뒤 튀기면 기름을
덜 먹을 뿐만 아니라 감칠맛도 더해진다.
가지는 이처럼 식물성기름과 함께
조리하면 리놀레산과 지용성 비타민인
비타민 E를 효율적으로 섭취할 수 있다.

가지
간장강정

재료

가지 4개
다진 파 2큰술
다진 마늘 1작은술
감자전분 적당량
식물성기름 적당량

양념장

양조간장 2큰술
조청 3큰술
매실액 1큰술
통깨 적당량

만드는 방법

1 잘 익은 가지는 길게 반으로 썬 다음 손가락 한
   마디 길이로 어슷 썰어준다.

2 어슷 썬 가지는 볕과 바람이 좋은 곳에 한나절 반
   정도 꼬들하게 말린다.

3 말려 준비한 가지에 감자전분을 얇게 묻혀 180도
   기름에 바삭하게 튀긴다.

4 팬에 기름을 두르고 다진 파와 마늘을 향이 나도록
   볶다 양념장을 넣고 약간 줄아들 때까지 끓인다.

5 4에 3을 넣고 버무린다.

가지를 너무 얇지 않은 도톰한 굵기로 썰어 말려야
기름에 튀길 때 타지 않으니 주의한다.

된장과 레몬즙을 섞어 만든 독특한
풍미의 소스와 구운 가지의 고소함이
어우러진 근사한 한 그릇 요리다.
완성된 요리 위에 뿌린 상큼한 레몬
껍질이 자칫 느끼해질 수 있는 요리의
균형을 잡아준다.

가지
된장레몬소스구이

재료

가지 2개
실파 3~4뿌리
식물성기름 적당량
레몬제스트 적당량
통깨 적당량

소스

된장 2큰술
레몬즙 1/2큰술
청주 1큰술
올리고당 1큰술

만드는 방법

1 가지는 3~4cm 길이로 썰어준 뒤 한쪽 면에
   십(十)자로 칼집을 깊게 넣어 준비한다. 실파는
   송송 썬다.

2 소스 재료를 모두 섞는다.

3 준비한 가지의 속에 *2*를 조금씩 발라 넣는다.

4 팬에 기름을 두른 뒤 가지를 올리고 뚜껑을 덮어
   약한 중불에서 7~10분간 익힌다.

5 가지가 어느 정도 익으면 센 불로 바꿔준 뒤 가지
   양면을 갈색이 날 때까지 노릇하게 굽는다.

6 잘 익은 가지를 접시에 담고 송송 썬 실파와
   레몬제스트, 통깨를 뿌려 요리를 마무리한다.

레몬제스트는 레몬 껍질을 얇게 갈아낸 것을 말한다. 껍질을 활용하는
만큼 굵은소금을 이용해 레몬을 깨끗하게 씻어 사용해야 하며
제스터가 없을 때에는 칼을 활용해 껍질 부분만 갈아 사용할 수 있다.

+

옥수수가 가진 단맛은 물론 쌀조청을
활용해 달콤하고 고소한 맛을
극대화한 간식이다. 한입 베어 물
때마다 톡톡 터지는 옥수수 알갱이가
씹는 맛을 더한다.

옥수수
바스

재료

삶은 옥수수 1개
볶은 땅콩 10~15알
우리밀가루 1큰술
감자전분 4큰술
물 2/3컵
조청 2/3컵
식물성기름 적당량
소금 적당량

만드는 방법

1 삶은 옥수수의 알갱이를 칼로 저며낸 뒤 볶은
   땅콩과 섞는다.

2 1에 우리밀가루와 감자전분, 소금을 넣어 섞어준
   뒤 물을 조금씩 넣어가며 서로 엉기도록 반죽한다.

3 2의 반죽을 한 숟갈씩 떠 180도 기름에서 바삭하게
   튀겨낸다.
   tip 에어프라이어에 튀겨내도 괜찮다.

4 팬에 조청을 넣고 끓이다 주걱으로 떠 올려보아
   부드럽게 늘어질 정도가 되면 3을 넣어 버무려
   완성한다.

옥수숫대를 적당한 크기로 나눈 뒤 칼을 이용하면 옥수수 알갱이만을 쉽게
저며낼 수 있다. 저며낸 옥수수 알갱이는 알알이 흩뜨려 요리에 활용한다.

+

옥수수 알갱이는 물론, 옥수숫대의
영양과 맛까지 활용하는 레시피로,
뿌리부터 줄기까지 하나의 재료를
온전히 섭취할 수 있는 요리다.

옥수수
수프

재료

찰옥수수
(또는 초당옥수수) 2개
물 1/2컵
소금 · 통후춧가루 적당량씩
메이플시럽 적당량

만드는 방법

1 옥수수는 생것을 사용한다. 알갱이만 칼로 긁어낸
   뒤 끓는 물에 소금을 약간 넣어 7~8분 삶아 체로
   건져낸다.
   tip 초당옥수수는 2~3분 삶은 후 건져내는 것으로 충분하다.

2 남은 옥수숫대를 3~4등분으로 자른 뒤 소금과
   통후춧가루를 골고루 뿌려 센 불에서 갈색이
   나도록 굽는다.

3 2에 물을 1/2컵 붓고 2~3분 끓인다. 소금과
   통후춧가루로 한 번 더 간을 맞추고 취향에 따라
   메이플시럽을 첨가해 단맛을 낸다.

4 믹서에 1과 3을 모두 섞어 곱게 갈아낸 뒤 그릇에
   담는다. 옥수수염과 알갱이로 장식하면 더
   근사하다.

+

단호박은 단맛이 강해 주로 간식이나 디저트를 만들 때 사용하지만 반찬으로 변신시킬 수도 있다. 구워서 흑미 소스와 함께 내면 단호박의 달콤함과 발사믹의 새콤함, 흑미의 톡톡 씹히는 식감이 잘 어우러진다.

단호박구이와 흑미소스

재료

미니 밤단호박 1개
올리브오일 적당량
소금 적당량

소스

흑미 3큰술
다진 양파 3큰술
발사믹식초 1½큰술
양조간장 1작은술
소금 약간
물(흑미 삶는 물) 2컵
올리브오일 약간

만드는 방법

1 단호박은 이등분해 속의 씨와 타래를 긁어낸 뒤 7~8mm 두께로 얇게 썬다.

2 올리브오일을 두른 팬에 단호박을 올리고 소금 간을 더하며 앞뒤로 노릇하게 굽는다.

3 소스에 넣을 흑미는 깨끗이 씻은 뒤 물 2컵을 부어 부드럽게 삶아 채반에 건져낸다.

4 올리브오일을 두른 팬에 다진 양파를 넣고 숨이 죽을 때까지 볶다가 삶은 흑미와 발사믹식초, 양조간장을 넣고 조린 뒤 소금으로 간을 맞춘다.

5 구운 단호박을 그릇에 올리고 준비한 소스를 부어 요리를 완성한다.

단호박의 속은 넓은 숟가락을 활용하면 쉽게 파낼 수 있다. 생단호박의 경우 매우 딱딱해서 자칫 손을 다치기 쉬우니 주의한다.

단호박과 생강은 맛에서도 영양에서도
궁합이 좋다. 레시피에서는 미니
밤단호박을 사용했지만 보통 크기의
단호박을 잘라 사용해도 무방하다.

단호박
피망조림

재료

미니 밤단호박 1/2개
피망 2개
물 1/3컵

양념

생강 슬라이스 2~3조각
양조간장 3큰술
청주 4큰술
올리고당 2큰술

만드는 방법

1 단호박은 씨앗과 속을 파낸 뒤 먹기 좋은 크기로
썰어둔다.

2 피망은 꼭지를 떼고 반으로 갈라 씨를 제거한 뒤
다시 4등분으로 썰어 준비한다.

3 냄비에 단호박과 피망을 넣고 준비한 양념 재료를
모두 넣어 잘 섞는다.
tip 단호박은 껍질이 밑으로 가게 넣어주는 것이 좋다.

4 물을 1/3컵 넣고 중불에 충분히 졸인다.

5 중간에 물이 부족하면 1~3큰술 더해주고 물기가
완전히 사라질 때까지 바짝 졸여 요리를 완성한다.

+

고구마순이라는 독특한 식재료를
활용해 파스타를 완성해내는
어디에서도 볼 수 없었던 특별한
레시피다. 들깻가루와 두유로 만든
소스는 크림 소스 못지않은 고소한
풍미를 내며, 섬유질을 제거해
부드럽게 씹히는 고구마순은 스파게티
면과 어우러져 특별한 식감을
자랑한다.

고구마순 파스타

재료

고구마순 300g
스파게티 면 250g
마늘 3개
대파 1대
들기름 적당량

소스

무가당두유 1½컵
들깻가루 3큰술
다시마표고국물(33쪽 참고) 1컵
된장 1큰술
양조간장 1/2큰술

만드는 방법

1 고구마순은 소금을 넣은 끓는 물에 데친 뒤 찬물에 식힌다.

2 고구마순 껍질의 섬유질을 제거한 뒤 10cm 길이로 잘라 준비한다.

3 마늘은 굵게 다지고 대파는 곱게 다진다.

4 분량대로 준비한 재료를 섞어 소스를 만든다.

5 냄비에 물을 끓인 뒤 스파게티 면을 10~12분 삶아 준비한다.

6 팬에 들기름을 둘러 다진 대파와 마늘을 넣고 향이 나도록 볶다가 2의 고구마순과 4의 소스를 넣은 뒤, 삶아둔 면을 넣고 간이 배도록 끓여 완성한다.

고구마순 껍질의 섬유질을 제거할 때에는 뜨거운 물에 삶았다 건져낸 뒤
찬물에 식혀 작업하면 손톱에 끼지 않아 보다 수월하다.

호박잎
감자수제비

+

어린 호박잎이 나올 때면 햇감자도
나오는데 그때 두 가지 제철 재료를
함께 활용해 만들면 좋은 요리다. 더운
여름에 따끈한 수제비를 땀을 흘려가며
먹으면 이열치열. 한여름엔 속이 자칫
차가워질 수 있으니 가끔씩은 이렇게
따끈한 음식을 먹어주는 것도 괜찮다.

재료

호박잎 200g
다시마멸칫국물(33쪽 참고)
4컵
마늘 2개
대파 1대
풋고추 1개
한식간장 2큰술
소금 약간

수제비 반죽

감자 1개
우리밀가루 2컵
물 3~4큰술
소금 적당량

만드는 방법

1 감자의 껍질을 벗기고 강판에 갈아준 뒤
  우리밀가루와 소금, 물과 함께 치대 반죽을 만든다.
  반죽에 탄력이 생기고 매끈해지면 1시간 정도
  휴지시킨다.

2 호박잎은 먹기 좋은 크기로 뜯고, 마늘은 다지고,
  대파와 풋고추는 어슷 썰어 준비한다.

3 냄비에 준비한 다시마멸칫국물을 넣고 끓인다.

4 끓는 육수에 호박잎을 넣고 휴지시켜 둔 수제비
  반죽을 손으로 뜯어 넣어 5~10분간 센 불에서
  끓인다.

5 준비한 마늘과 대파, 풋고추를 넣은 뒤 한식간장과
  소금으로 간을 맞춰 요리를 마무리한다.

3

春 夏 秋 冬
⋮
가
을

버섯

늙은호박

무

1 버섯

버섯은 향과 식감은 물론 영양 면에서도 뛰어나다. 버섯에 포함된
베타글루칸이라는 성분이 항암에 효과가 있는데, 특히 고산 지대에서
자라는 것은 그 효과가 뛰어나 주목받고 있다. 버섯은 칼로리는 거의
없는 반면, 식이섬유는 풍부해 많이 먹어도 살이 찌지 않아 다이어트
식품으로도 꼽힌다.
버섯은 크게 갓과 기둥, 두 부분으로 나뉘는데 주로 기둥을 먹는
새송이와 팽이는 이 부분이 굵고 튼실한 것을 고르는 편이 낫고, 주로
갓을 먹는 느타리와 표고는 갓이 도톰하고 살집이 좋은 것을 고르는
편이 낫다. 시판되는 버섯은 비닐봉지나 플라스틱통에 담겨있는
경우가 많은데, 보관할 때는 버섯의 물기를 없앤 다음 종이타월 한
장을 같이 넣어두면 더 오랫동안 시들지 않은 상태로 보관할 수 있다.

2 늙은호박

가을철이 되면 늙은호박의 씨는 단단하게 여물고 속살은 노랗게
익어 단맛이 증가한다. 겉모양도 점점 특유의 납작한 형태로 변하는데,
바로 이때가 늙은호박을 수확할 적기라 할 수 있다. 맛있는 호박을
구입하기 위해서는 껍질에 윤기가 돌아 반짝거리는 것보다 껍질이
단단하고 하얀 분으로 덮여있는 것을 고른다. 속살의 색이 선명하며
속까지 잘 익은 것일 확률이 더 높다.
가을의 늙은호박에는 이뇨 작용과 수분 조절 작용을 도와 몸의 부기를
제거하는 데 탁월한 성분인 베타카로틴이 많아 땀을 잘 흘리지 못하는
겨울철에 대비할 수 있는 건강 채소라고 할 수 있다.

3 무

무는 천연 소화제로 불릴 만큼 소화 효소가 풍부하고 다른 음식의
독성을 중화시키는 효능이 있다. 특히 동물성 식품의 단백질과 지방
배출에 도움을 준다. 단 찬 성질이 있어 위장이 좋지 않은 사람은 무를
생것으로 많이 먹는 것을 피하도록 한다.
무는 길쭉한 것보다 키가 작고 통통한 것을 골라야 맛있다. 특히
가을철 무는 수분이 적고 단단해 잘 무르지도 않고 단맛도 훨씬
강하다. 무청이 있는 위쪽으로 갈수록 단맛이 강해 생채 등의 요리에
활용하기에 좋고, 뿌리 쪽으로 갈수록 매운맛이 돌아 익혀 먹는 요리에

연근

고구마

은행

적합하다. 껍질 쪽에 비타민 C가 두 배나 많이 들어있어, 되도록 껍질째 조리하는 편이 좋다.

4 연근

초가을이 되면 그 해의 첫 연근을 수확할 수 있는데, 가을의 연근은 속이 유난히 하얗고 부드러워 가히 제철이라 할 만하다. 연근은 철분과 비타민 C가 풍부하고 염증에 효과가 있어 기관지염이나 기침, 가래를 가라앉히는 데에 좋다. 특이하게도 암수가 있는 채소로, 부드러운 식감을 원한다면 더 통통한 모양의 암컷을 고르는 것이 낫다.
구입한 연근을 오랫동안 보관하고 싶다면 겉에 묻은 진흙을 깨끗이 씻어낸 후 물기를 닦아 냉장고에 넣어두어야 한다. 습기에 약하기 때문에 물기가 남아 있으면 쉽게 썩는다. 연근은 껍질을 벗기지 않은 상태에서 요리에 활용하면 특유의 맛과 식감이 더욱 살아난다.

5 고구마

고구마는 9월부터 시작해 첫 서리가 내리기 전까지 수확하는 가을을 대표하는 채소로, 겨우내 저장해두고 다양하게 활용할 수 있다. 무엇보다 장을 청소하고 독소를 배출시키는 효과가 있어 움직임이 적어지는 겨울에 제격이다. 고구마에는 강력한 항암 성분도 들어있는데 껍질째 먹으면 그 효과가 더 좋다. 껍질의 선명한 자주색을 내는 성분인 안토시아닌은 항암에 좋은 것은 물론이고 혈관을 튼튼하게 하며 눈의 피로를 해소해준다. 보관할 때는 수확한 그대로 신문지에 싸서 실온의 서늘한 곳에 두는 것이 요령이다.
속이 노랗고 수분이 많은 호박고구마는 황토에서 재배된 것이 더욱 맛이 좋다. 고구마는 저온에서 천천히 익혀낼 때 그 단맛이 최고로 오르는데, 겨울철 군고구마가 맛이 있는 이유도 바로 이 때문이다.

6 은행

은행은 암컷 은행나무에 열리는 황색 열매를 말한다. 가을철 길거리에서 나는 은행 냄새의 주범은 열매의 가장 바깥쪽 껍질 부분으로, 겉껍질과 그 안의 단단한 중간 껍질까지 모두 제거하면 우리가 즐겨 먹는 노란 은행 열매가 드러난다.
은행의 속껍질은 끓는 물에 데치거나 팬에서 볶아 열을 가하면 쉽게 벗길 수 있다. 요리에 활용하고 남은 은행은 생것인 상태 그대로 냉동실에서 보관한다. 은행은 기침과 가래를 억제하는 효능을 지녀 건조한 가을철 호흡기 질환을

우엉

도라지

더덕

가라앉히는 데 좋다. 감기가 기승을 부리는 가을 겨울철 아이들 요리에 활용하면 면역력을 높일 수 있다.

7 우엉

뿌리채소에 속하는 우엉은 마크로비오틱에서 가장 양성이 강한 채소 중 하나로, 우리 몸 아래를 튼튼하게 해주고 몸을 따뜻하게 하는 데 탁월한 효과가 있다. 또 장의 독소를 제거하고 면역력을 높여줘 움직임이 적은 겨울에 먹으면 제격이라 할 수 있다.

우엉을 고를 때는 너무 굵지도 가늘지도 않은 중간 크기의 것, 털이 많지 않은 것을 골라야 한다. 손질되지 않은 우엉은 껍질이 얇고 흙이 묻어있는 경우가 많아 자칫 껍질까지 긁어내기 쉬운데, 이 부분에 다양한 영양소가 듬뿍 들어있어 겉의 흙만 깨끗이 씻어내고 껍질째 사용하는 편이 좋다. 우엉을 오래 보관하고 싶다면 손질하기 전 흙이 묻은 채로 신문지에 싸서 서늘한 곳에 보관한다.

8 도라지

가을의 도라지는 기관지와 폐에 좋다. 변화무쌍한 날씨 탓에 감기에 걸리기 쉬운 환절기에는 가래를 삭여주고 염증을 가라앉히는 데 특히 유용한 도라지를 적극 활용할 것.

보통 시장에서는 하얗게 손질한 도라지를 판매하는데, 기회가 된다면 거친 통도라지를 구입해서 직접 손질해보는 것도 특별한 경험이 될 수 있다. 도라지 손질법은 그저 흙을 깨끗이 털어낸 뒤 껍질을 벗기는 것으로 충분하며 특히 가을의 도라지는 껍질을 벗기기가 무척 수월하기 때문에 이렇게 제철일 때는 통도라지를 구입해보는 것도 괜찮다.

9 더덕

더덕은 토질이 좋은 강원도 지역에서 생산되는 것이 가장 맛있다. 강원도 땅의 풍부한 양분이 더덕의 영양 성분과 단맛, 향을 풍성하게 해준 덕이다. 더덕은 인삼과 비슷하게 생겼는데, 인삼의 주성분인 사포닌이 더덕에도 많이 들어있다. 기관지와 폐 기능에 도움을 주어 기침이나 천식에 효능이 있으니 가을철에는 놓치지 말고 챙겨 먹는 것이 좋다.

더덕을 고를 때는 흙이 말라있지 않은지 살피고 굵기가 굵은 것을 골라야 껍질을 벗겨도 먹을 것이 있다. 또 보관할 때는 흙이 묻은 채로 신문지에 싸서 10도 아래의 상온에서 보관한다. 더덕을 요리할 때는 흙을 깨끗하게 솔로 문질러 씻어낸 뒤

아욱

토란

돌려가며 껍질을 벗겨 깎아내면 충분하다. 껍질을 벗긴 뒤에는 쉽게 상할 수 있으므로 물기가 닿지 않도록 유의한다.

10 아욱

찬 성질의 아욱은 특유의 미끈거리는 성분이 변비 해소와 독소 배출을 돕는다. 단백질, 지방, 칼슘 등의 영양소가 시금치보다 많이 포함되어 있고, 그 맛이 좋아 가을철 반드시 챙겨 먹어야 하는 채소로 꼽힌다. 특히 제철인 가을 아욱이 맛있는데, 끓이면 부드럽게 무르면서 구수한 풍미가 풍부해진다.

아욱은 누런 잎 없이 초록빛을 띠는 것, 잎이 거칠지 않고 야들야들한 것, 줄기가 너무 가늘지 않고 적당한 것이 먹기 좋다. 줄기 끝을 조금 꺾어 섬유질을 벗겨내면 더욱 부드러워져서 줄기부터 잎까지 통째로 다양한 요리에 활용할 수 있다.

11 토란

토란을 고를 때는 겉의 흙이 마르지 않고 알이 굵으면서 튼실한 것을 고른다. 토란은 냉장고에 보관하면 냉해를 입을 수 있으므로 실온에서 보관해야 한다. 토란에는 수산칼륨이 많이 포함되어 있는데, 이는 염증 완화에 특히 효과가 있다. 또한 토란의 전분질은 그 입자가 아주 고와서 소화가 잘되고 동물성 단백질 분해 배출 작용도 도와주기 때문에 위장 장애에도 도움이 된다. 식이섬유가 풍부하여 변비 예방에도 좋다. 들깨와 함께 조리하면 다소 부족한 필수 지방산을 보충할 수 있다. 단 생토란에는 독성이 포함되어 있으므로 손질에 신경쓰고 속까지 익혀 먹도록 한다.

+

버섯볶음밥을 할 때에는 버섯을 미리
볶아 바짝 수분을 날린 뒤 밥을 섞어야
더 고슬고슬한 볶음밥을 만들 수 있다.
버섯의 종류는 무엇이든 상관없으니
좋아하는 버섯을 마음껏 활용해
만들어보자.

버섯
올리브볶음밥

재료

버섯(느타리, 만가닥, 팽이,
표고 등) 300g

올리브 4알

현미(또는 오분도미)밥 3공기

마늘 2개

파슬리(또는 셀러리잎) 약간

올리브오일 2큰술

소금·통후춧가루 약간씩

만드는 방법

1 현미밥은 꼬들꼬들하게 지은 냄비 밥으로 준비한다.

2 버섯은 각각 먹기 좋게 자른다. 마늘과 올리브,
파슬리는 굵게 다져 준비한다.

3 팬에 올리브오일을 두르고 마늘을 넣어 볶아 향을
낸 뒤 버섯을 넣고 볶는다.

4 버섯에서 수분이 배어 나와 촉촉해지면 불을
세게 올려 수분이 날아가도록 한 번 더 볶는다.
수분이 모두 날아가고 버섯이 갈색을 띠면 소금과
통후춧가루로 간을 한다.

5 불을 끈 뒤 준비된 현미밥과 파슬리를 넣고 섞어
요리를 완성한다.

버섯
오일찜

아무리 계획을 세워 장을 보더라도 어쩐
일인지 냉장고에는 언제나 요리를 하고
남은 야채가 굴러다니곤 한다. 버섯은
물론이고 양배추나 시금치, 브로콜리
등 냉장고에 남아있는 채소라면 어떤
것이든 근사한 요리로 변신시킬 수 있는
조리법이 있으니 바로 이 오일찜이다.
기름이 많이 들어갔어도 채소에서 배어
나온 수분 덕택에 담백하며 빵이나 밥
모두와 어울리는 기특한 요리다.

재료

버섯(양송이, 표고, 느타리,
새송이 등) 500g
마늘 2개
건고추 1개
올리브오일 1/2컵
소금·통후춧가루 약간씩

만드는 방법

1 종류에 상관없이 준비한 버섯은 모두 먹기 좋게
   손으로 찢거나 썬다.

2 마늘은 칼을 눕혀 납작하게 짓누르고 건고추는
   부수어 씨를 제거한다.

3 달구지 않은 냄비에 준비한 올리브오일을 붓고
   마늘과 건고추를 넣은 뒤 버섯을 듬뿍 쌓아
   넣는다. 그 위에 다시 올리브오일을 넉넉하게
   끼얹는다.

4 뚜껑을 닫고 중불에서 뭉근하게 졸인다. 버섯의
   부피가 줄어들고 갈색이 돌면서 맛있는 냄새가
   나면 소금과 통후춧가루로 간을 해 요리를
   완성한다.

+

호박범벅은 강원도의 향토 음식으로
겨울철 푸성귀가 귀할 때 미리
갈무리해 둔 호박이나 옥수수, 팥
등을 이용해 만들어 먹는 죽 요리다.
늙은호박은 요리할 때 생강을 함께
넣으면 특유의 비린내를 잡을 수
있다. 찹쌀가루의 양을 조절해 자신의
취향에 맞는 형태로 즐겨보자.

호박범벅

재료

늙은호박 1/4개(1kg)

팥 1/2컵

생강(엄지손톱 크기) 2조각

물 2½컵

소금 1/2작은술

조청 3~4큰술

찹쌀물

찹쌀가루 1컵

물 2/3컵

만드는 방법

1 팥은 씻어서 2시간 정도 불린다. 냄비에 불려둔
    팥과 물 2컵을 넣고 30분 정도 삶아 준비한다.

2 늙은호박은 속을 파내고 껍질을 깎아 손질한 다음
    나박썰기 한다.

3 썰어둔 늙은호박과 물 1/2컵, 생강 조각을 냄비에
    모두 넣은 뒤 뚜껑을 덮은 상태에서 푹 찌듯이
    삶는다.

4 재료가 모두 익어 물러지면 소금을 넣어 간을
    맞추고 불을 끈다. 생강은 건져내고 남은 호박은
    숟가락 등으로 눌러 으깬다.

5 으깬 호박에 삶아둔 팥을 건져 넣고 재료가
    어우러질 수 있도록 약 10분간 끓인다.

6 찹쌀가루를 물에 묽게 개어 찹쌀물을 만든 뒤 5에
    조금씩 떠 넣어 몽글해질 때까지 끓인다. 취향에
    따라 조청을 넣어 완성한다.

늙은호박은 수분이 많아 되도록 물을
넣지 않고 반죽을 만들어야 예쁜
모양으로 잘 익힐 수 있다. 늙은호박
특유의 달짝지근한 맛 덕분에 떡의
풍미까지 느낄 수 있는 매력적인 요리다.

늙은
호박전

재료

늙은호박 1/12개(350g)
호박씨 2큰술
현미가루 2컵
생강(엄지손톱 크기) 1조각
소금 1작은술
식물성기름 적당량

만드는 방법

1 늙은호박은 껍질을 깎아내고 잘 다듬어놓은
것으로 준비한다. 준비한 호박을 되도록 얇게 채를
썰어 소금에 버무린 뒤 15분 정도 절여둔다.

2 호박씨는 거칠게 다지고 생강은 강판에 간다.

3 소금에 절여둔 호박은 채반에서 물기를 빼낸 뒤
호박씨, 현미가루, 생강과 함께 버무린다.

4 달군 팬에 기름을 적당량 두르고 3의 반죽을 올려
노릇노릇해질 때까지 앞뒤로 지져낸다.

무밥

+

싱싱한 무청이 달려있는 무가
출시되는 가을에 반드시 해먹어야
할 별미다. 푹 익어 부드러운 무와
풋풋한 향이 나는 무청의 맛이 잘
어우러진다. 솥밥에 자신이 없다면
일반 압력밥솥을 사용해도 좋다.

재료

무(4~5cm 길이) 1토막(150g)

무청 10~15가닥

오분도미(또는 현미) 2컵

물 3컵

건다시마(5×10cm) 1장

소금 1작은술

만드는 방법

1 오분도미는 흐르는 물에 씻은 뒤 최소 3시간 정도
   불린다.
   tip 오분도미가 없다면 현미를 사용해도 좋다.

2 무는 깨끗하게 씻어 껍질째 3mm 두께로 반달썰기
   해 준비한다.

3 무청은 깨끗하게 씻어 1cm 길이로 썰고, 소금에
   15분 정도 절인 뒤 물기를 꼭 짜낸다.

4 불려놓은 쌀의 물기를 빼서 솥에 안치고 적당량의
   물과 건다시마, 준비해둔 무를 함께 넣는다.

5 강한 중불로 끓여 바글바글 하는 소리가 들리면
   5분 정도 두었다가 약불로 줄여서 30분간 끓인다.
   불을 끈 뒤 10분간 뜸을 들인다.

6 밥이 뜨거울 때 준비한 무청을 넣고 고르게 섞어
   요리를 완성한다.

맛이 잘 든 가을 무는 양파보다 단맛이
강해 수프를 끓이기에도 제격이다.
양파를 센 불에서 황갈색이 나도록
볶아 사용하면 수프의 감칠맛이 더욱
살아난다.

무수프

재료

무(4~5cm 길이) 1토막(150g)

양파 1/2개

다시마표고국물(33쪽 참고)
2½컵

올리브오일 1큰술

한식간장 1½큰술

소금 약간

파르메산치즈 ·
통후춧가루 적당량씩

바게트 슬라이스 4장

만드는 방법

1 무와 양파는 곱게 채를 썬다.

2 냄비에 올리브오일을 적당히 부어 달군 뒤 양파를
넣어 황갈색이 날 때까지 센 불에서 볶는다.

3 냄비에 무를 넣어 함께 볶는다. 무의 숨이 죽으면
한식간장을 넣어 간을 맞추고 한 번 더 볶아준 뒤
다시마표고국물을 넣고 20~25분간 끓인다.

4 무가 완전히 익었으면 소금으로 간을 더하고
오븐용 그릇에 수프를 옮겨 담는다.

5 옮겨 담은 수프 위에 바게트를 올린 뒤 파르메산
치즈와 통후춧가루를 뿌린다. 180도 예열한
오븐에서 살짝 색이 날 정도로 5분간 구워 요리를
완성한다.

연근
샐러드

+

한 번 쪄서 익혀낸 연근은 더욱
부드러운 식감을 자랑해 샐러드로
먹기에 매우 적합하다. 드레싱 재료로
활용한 적양파가 구하기 어렵다면
일반 양파로 대체해도 무방하다.
양파는 조리 전에 10분 정도 찬물에
담가 매운기를 빼내는 것이 좋다.

재료

연근 1~2개

드레싱

다진 적양파 2큰술
올리브오일 3큰술
레몬즙 2큰술
메이플시럽(또는 꿀) 1작은술
파슬리(또는 셀러리잎) 1작은술
소금 1/2작은술

만드는 방법

1 연근은 5cm 길이로 토막낸 뒤 김 오른 찜기에서
   15분간 찐다.

2 드레싱의 재료를 모두 섞어 준비한다.

3 익힌 연근은 얇게 저며 썬다.

4 넓은 접시에 연근을 올리고 준비한 드레싱을 뿌려
   요리를 완성한다.

+

진한 마늘의 풍미와 연근 특유의
부드러운 식감이 함께 어우러지는
요리다. 연근이 황갈색을 띨 때까지
충분히 볶아야 더욱 맛이 살아나니
조리 시간에 유의할 것.

연근
마늘볶음

재료

연근 1개
마늘 4개
식물성기름 2큰술
청주(또는 화이트와인) 1큰술
소금 · 통후춧가루 약간씩

만드는 방법

1 연근은 5mm 두께의 은행잎 모양으로 썰어
  준비한다. 마늘 역시 얇게 저며 썬다.

2 마른 팬에 식물성기름을 두르고 썰어둔 마늘을
  볶아 향을 낸다.

3 팬에 썰어둔 연근을 올려 갈색이 돌 때까지 충분히
  볶아낸다.

4 연근이 모두 익으면 청주나 화이트와인을 넣고
  소금과 통후춧가루를 뿌려 간을 맞춘다.

+

구운 고구마의 고소한 맛이 고수의 향기로움, 메이플시럽의 달콤함과 어우러져 독특한 풍미를 자랑하는 요리다. 고수를 구하기 어렵다면 쑥갓이나 셀러리, 파슬리 등 다른 향채의 이파리를 활용할 수 있다.

고구마구이 샐러드

재료

고구마 2개

흑임자 적당량

고수(또는 셀러리나 파슬리) 1~2줄기

드레싱

올리브오일 2$\frac{1}{2}$큰술

레몬즙 1큰술

메이플시럽(또는 꿀) 1큰술

소금 약간

만드는 방법

1 고구마는 길게 반으로 잘라 유산지에 싸서 180도로 예열한 오븐에 15분간 굽는다.
tip 오븐이 없다면 팬의 뚜껑을 덮어 약불로 30분간 굽는다.

2 고구마가 어느 정도 익으면 꺼내 유산지를 벗겨낸 뒤 다시 오븐에 넣어 황갈색이 돌 때까지 15분간 굽는다.

3 드레싱 재료를 모두 섞어 준비한다.

4 고구마가 속까지 모두 익으면 준비한 드레싱을 끼얹는다. 흑임자를 뿌리고 고수의 잎을 뜯어 올려 요리를 완성한다.

+

한 끼 식사로 든든하게 먹을 수 있는
고구마를 활용한 건강한 스무디 볼이다.
스무디 위에 올릴 재료는 제철 과일이나
말린 과일, 견과류, 그레놀라, 흑임자 등
자신의 취향에 따라 변경할 수 있다.

고구마
스무디볼

재료

고구마 1개

무가당두유(또는 콩물)
1~1½컵

말린 무화과 1~2개

뮤즐리(또는 그레놀라) 적당량

소금 약간

만드는 방법

1 고구마를 찜통에서 쪄낸 뒤 껍질을 벗겨 곱게
   으깬다.

2 으깬 고구마에 무가당두유를 천천히 부어 자신의
   취향에 맞게 농도를 조절하며 섞어준다. 이때
   소금을 넣어 간을 맞춘다.

3 그릇에 고구마스무디를 적당량 담은 뒤 준비한
   말린 무화과와 뮤즐리 등을 올려 완성한다.

은행
떡꼬치

+

은행은 요리를 한 뒤 식으면 매우 빨리
굳어 맛이 급격하게 떨어지기 때문에
한 번에 먹을 만큼만 요리해서 바로
먹는 것이 가장 좋다. 꿀과 들기름으로
담백하게 맛을 낸 소스도 좋지만
매콤달콤한 고추장 소스도 매우 잘
어울리므로 두 가지 양념을 입맛에
따라 선택해 시도하자.

재료

은행 1컵
떡볶이떡 3줄
마늘 5개

꿀 소스

들기름 · 꿀 · 소금 적당량씩

고추장 소스

고추장 2큰술
매실액 1큰술
조청 1큰술
생강즙 1/2작은술

만드는 방법

1 달군 팬에 기름을 두르고 은행을 볶아서 얇은
   속껍질을 벗긴다.

2 떡볶이용 가래떡은 마늘 크기와 비슷하게 썬다.

3 들기름과 꿀, 소금을 섞어 꿀 소스를 준비한다.
   분량의 재료로 고추장 소스도 만들어놓는다.

4 꼬챙이 하나에 은행과 자른 떡을 교차해 꽂는다.
   다른 꼬챙이에는 은행과 마늘을 교차로 꽂는다.

5 꼬챙이에 꽂은 재료에 준비한 소스를 발라
   프라이팬에서 노릇노릇하게 굽는다.
   tip 오븐을 활용할 경우 180도로 예열해 15~20분간 굽는다.

+

마리네이드는 제철 재료를 소스나 드레싱, 양념장에 재웠다 먹는 일종의 절임 요리다. 완성된 직후에 바로 먹어도 좋지만 조금 두었다가 먹으면 은행과 감 속속들이 소스의 맛이 배어 더욱 맛있게 즐길 수 있다.

은행
감마리네이드

재료

은행 2/3컵

감 1개

소스

이탈리안파슬리 약간

올리브오일 3½큰술

발사믹식초 2큰술

꿀 1큰술

소금 약간

통후춧가루 약간

만드는 방법

1 소금을 넣고 끓인 물에 은행을 넣고 2분 정도 데친 뒤 건져내 얇은 속껍질을 벗겨 준비한다.

2 감은 1cm 크기로 깍둑 썬다.

3 이탈리안파슬리는 곱게 다져 다른 재료와 섞어 소스를 만든다.
   tip 이탈리안파슬리가 없다면 일반 파슬리, 즉 컬리파슬리를 사용해도 좋다.

4 소스에 손질한 은행과 감을 넣고 함께 버무려 요리를 완성한다.

우엉
매실조림

+

영양 가득한 우엉을 '우메보시'라고
알려진 일본식 매실장아찌와 함께
조려 특별한 맛을 더하는 요리다.
우리식으로 하려면 매실효소액을 건진
뒤 남아있는 매실절임(매실 살)을
사용하면 된다. 매실 특유의 산미가
우엉을 부드럽게 만들어 특별한
식감을 즐길 수 있다.

재료

우엉 1대
매실절임(또는 우메보시)
2~3개
건다시마(5×5cm) 1장
물 3~4컵
한식간장 1/2큰술

만드는 방법

1 우엉은 껍질째 준비해 흙을 잘 비벼 씻어내고
　물기를 닦아 3~4cm 길이로 토막 썬다.

2 홍두깨로 손질한 우엉을 자근자근 두들긴다.
　냄비에 우엉과 매실절임, 건다시마, 물을 한꺼번에
　넣어 처음에는 센 불로 졸이다가 끓기 시작하면
　중불로 바꿔 1시간 정도 더 졸인다. 중간에 물이
　부족해지면 조금씩 더해주면서 우엉이 충분히
　부드러워지도록 한다.

3 우엉이 젓가락으로 찔렀을 때 무리 없이 쑥 들어갈
　정도로 충분히 부드러워졌으면 한식간장으로
　간을 맞춰 요리를 완성한다.

준비한 우엉을 홍두깨를 이용해 두들기면 식감이 부드러워지는 것은 물론
양념이 속살까지 스며들어 더욱 깊은 풍미를 즐길 수 있다.

우엉
피망볶음

우엉 특유의 식감에 피망의 식감, 다진
소고기의 맛까지 더해져 밥반찬으로
활용하기에 좋은 효자 요리다.
소고기는 입자가 작고 고운 상태가
되도록 잘 흩트러뜨리며 익혀야 한다.
또 젓가락을 활용해 우엉과 잘 섞일 수
있도록 해야 먹기 좋고 맛도 좋다.

재료

우엉 1대
청피망 1/2개
홍피망 1/2개
다진 소고기 50g
다진 마늘 1작은술
청주 2큰술
한식간장 2½큰술
조청 2큰술
참기름 약간
통깨 적당량

만드는 방법

1 우엉과 청 · 홍 피망은 얇게 채 썰어 준비한다.

2 팬에 참기름을 두르고 약불에서 다진 마늘을 볶아
향을 내다가 다진 소고기를 넣어 보슬보슬해질
때까지 볶는다.

3 불을 세게 올린 뒤 우엉을 넣어 볶아주다가 우엉에
기름이 돌고 숨이 죽으면 피망도 넣어 함께 볶는다.

4 청주와 한식간장, 조청을 차례대로 넣어 간이
배도록 한 번 더 볶아준 뒤 통깨를 뿌려 요리를
완성한다.

도라지전

+

도라지는 날것 그대로 매콤하게
무쳐내거나 담백하게 볶은 요리가
친숙할 테지만 전으로 부쳐 먹으면
고유의 단맛이 배가되어 별미로
즐길 수 있다. 도라지전을 부칠 때는
도라지를 최대한 얇게 썰어 부쳐야
식감이 살아나며 풍미가 좋다.

재료

도라지 150g
풋고추 2개
마늘 4개
식물성기름 적당량

반죽

우리통밀가루 7큰술
전분 2큰술
찬물 5큰술
소금 약간

양념장

한식간장 1½큰술
매실액 1큰술
다진 파 1작은술
다진 홍고추 1작은술
참기름 1/2작은술
통깨 1/2작은술
생수 1큰술

만드는 방법

1 껍질을 벗겨 손질한 도라지를 길게 채 썬다.

2 풋고추 역시 반으로 길게 갈라 씨를 제거한 뒤
길게 채 썬다. 마늘도 얇게 채 썰어 준비한다.

3 반죽 재료를 모두 섞어 준비한다.

4 준비한 반죽에 도라지채, 풋고추채, 마늘채를 넣고
섞는다.

5 팬에 기름을 넉넉하게 두르고 반죽을 얇게 펴
노릇할 때까지 부친다. 분량의 재료로 양념장을
만들어 찍어 먹는다.
tip 뒤집개로 전을 꾹꾹 눌러가면서 부쳐준다.

만약 손질되지 않은 통도라지를
구입했다면 껍질에 붙어있는 흙을
깨끗이 털어낸 뒤 칼을 이용해 껍질을
벗겨내면 된다. 특히 가을의 도라지는
껍질이 매우 쉽게 벗겨지기 때문에
도전해보기 알맞다.

도라지
양파튀김덮밥

+

도라지뿐만 아니라 당근이나 고구마,
단호박 등 냉장고에 남아있는 채소
자투리를 함께 활용할 수 있다.
튀김 반죽을 만들 때에는 찬물이나
얼음물을 사용하는 것이 더욱 바삭한
튀김을 즐길 수 있는 팁이다.

재료

도라지 200g
양파 1/2개
현미밥 4공기
쑥갓 3~4송이(30g)
밀가루 적당량
식물성기름 적당량

물 반죽

밀가루 1컵
얼음물 1컵
소금 약간

소스

한식간장 3큰술
다시마표고국물(33쪽 참고)
5큰술
조청 3큰술
생강즙 1작은술

만드는 방법

1 도라지는 5~6cm 길이의 가는 것을 사용하는 것이
   좋다. 통도라지를 사용한다면 길이와 모양을 살려
   얇게 썰어 준비한다.

2 양파는 채 썰고, 쑥갓은 잎을 작게 떼어낸다.

3 물 반죽 재료를 모두 섞은 뒤 젓가락으로 골고루
   저어준다. 소스 재료 역시 모두 섞어 준비한다.

4 손질한 도라지와 양파를 커다란 볼에 모두 담고
   여분의 밀가루를 뿌려 하얗게 버무린 다음, 물
   반죽에 적신다.

5 180도로 끓고 있는 튀김기름에 4를 넣어 튀긴다.
   젓가락과 주걱을 이용해 모양이 흩뜨러지지 않도록
   한다.

6 준비해둔 현미밥 위에 채 썬 양파와 도라지 튀김을
   올리고 쑥갓을 고명으로 올린다. 소스를 덮밥 위에
   뿌리거나 곁들인다.

더덕
물김치

+

김치는 냉장고에 넣지 않고 실온의 서늘한 곳에서 천천히 발효해야 맛있게 완성된다. 알맞게 익은 김치에서는 보글보글한 기포가 눈에 보이며 시큼한 냄새가 퍼지므로 꼭 눈과 귀, 코, 입 오감을 활용해 확인해야 한다. 맛있게 익으면 냉장고에 넣어 보관한다.

재료

더덕 6~8뿌리(500g)
알배추 1/2통
쪽파 12대
홍고추 2개
마늘 6개

양념장

양파 1/2개
사과 1/2개
한식간장 4큰술
찹쌀풀 3큰술
생강즙 1작은술
물 3컵
소금 약간

만드는 방법

1 더덕은 깨끗이 씻어 껍질을 벗긴다. 굵기가 굵은 것은 반으로 갈라 준비한다.

2 알배추는 3cm 크기로 썬다. 쪽파는 3~4대씩 묶어놓는다. 홍고추는 얇게 어슷 썰고 마늘은 얇게 저며 준비한다.

3 양파와 사과는 숭덩숭덩 썬다. 양념장 재료를 모두 믹서에 넣고 갈아준다.

4 김치 용기에 더덕과 알배추, 쪽파, 홍고추, 마늘을 겹겹이 넣은 뒤 3의 양념장을 붓는다. 간이 부족하면 소금을 더해 맞추고 실온에서 24~48시간 익힌 뒤 냉장 보관한다.

찹쌀풀은 찹쌀가루와 물을 1 대 4 비율로 섞어 만든다. 숟가락으로 떠 올렸을 때 자연스럽게 흘러내릴 정도의 점성이면 충분하다.

+

더덕은 익히면 특유의 쓴맛이
사라지고 단맛이 배가된다. 통구이는
더덕을 가장 간편하고도 맛있게 먹을
수 있는 방법 중 하나이니 제철, 맛이
가장 오른 더덕을 활용해 반드시
시도해보자.

더덕
통구이

재료

더덕 8~10뿌리(600g)

들기름 · 소금 적당량씩

만드는 방법

1 더덕은 껍질째 솔로 비벼 깨끗이 씻은 뒤 껍질에
   길게 칼집을 넣어 준비한다.

2 손질한 더덕을 종이포일로 잘 감싼 뒤 180도로
   예열한 오븐에 10~15분간 익힌다.
   tip 오븐이 없다면 팬에 올린 뒤 뚜껑을 닫고 약불에서
   20~30분간 익힌다.

3 오븐에서 꺼낸 더덕이 속까지 잘 익은 것을
   확인했다면 껍질을 벗기고 들기름과 소금을 뿌려
   요리를 완성한다.

통구이는 껍질을 벗기지 않은 채 요리하기 때문에 껍질에 묻은 흙을 깨끗이
씻어내는 것으로 준비는 충분하다. 칼집을 더덕 가운데에 길게 내줘야 열이
골고루 전달돼 속까지 맛있게 구워낼 수 있다.

+

아욱은 보통 국을 끓여 먹지만,
반찬으로 만들어도 괜찮다. 기본
두부조림에 아욱을 넣으면 더욱
고소하고 깊은 맛이 난다. 육수와
양념을 더 넣고 찌개로 변신시킬
수도 있다.

아욱
두부조림

재료

아욱 200g
두부(부침용) 300g
다시마표고국물(33쪽 참고)
1컵

양념장

된장 1/2큰술
한식간장 1큰술
매실액 1/2큰술
고춧가루 1작은술
다진 마늘 1작은술

만드는 방법

1 깨끗하게 손질한 아욱을 끓는 물에 소금과 함께
   넣고 2~3분간 데쳐 건져낸 뒤 4~5cm 길이로
   썬다.
   tip 끓는 물에 소금을 넣으면 아욱의 푸른빛을 더욱 살릴 수
   있다.

2 두부는 사방 1cm 크기로 깍둑썰기 한다.
   다시마표고국물을 만든 뒤 남은 다시마와
   표고버섯이 있다면 역시 1cm 크기로 먹기 좋게
   썰어놓는다.

3 양념장 재료를 모두 섞어 준비한다.

4 손질한 아욱을 준비한 양념장에 무친다.

5 냄비에 두부를 깔고 무쳐낸 아욱과 잘라놓은
   다시마, 표고버섯을 올린 뒤 다시마표고국물을
   부어 양념이 스며들 때까지 15~20분 정도
   졸인다.

아욱은 줄기 끝을 조금 꺾어 바깥쪽 섬유질을 벗겨내면 줄기부터
잎까지 더욱 부드러운 식감으로 즐길 수 있다.

+

리소토에 사용할 쌀은 씻는 대신
깨끗한 면포로 닦는다. 그런 다음
마른 팬에서 기름 없이 갈색이 돌도록
볶아야 소화가 더 쉽다. 고소한 쌀의
풍미가 살아나는 것은 덤.

아욱
리소토

재료

아욱 150g

보리새우(잔새우) 2큰술

오분도미 2/3컵

자투리채소국물(32쪽 참고)
4컵

한식간장 1작은술

소금 · 통후춧가루 약간씩

올리브오일 · 파르메산치즈
적당량씩

만드는 방법

1 아욱은 끓는 물에 소금을 넣고 살짝 데쳐 건져낸
   뒤 물기를 짜 잘게 썬다. 보리새우는 거칠게
   부숴둔다.

2 오분도미는 마른 면포 위에 두고 잘 닦는다.

3 오분도미를 기름을 두르지 않은 마른 팬에 연한
   갈색이 돌도록 볶은 후 부숴둔 보리새우를 넣는다.
   자투리채소국물을 서너 번에 나눠 부어가며
   골고루 저어 끓인다.

4 쌀이 퍼지면서 걸쭉해지면 아욱을 넣어 한 번
   더 끓이고 한식간장과 소금, 통후춧가루로 간을
   맞춘다.

5 그릇에 적당량 옮겨 담은 뒤 올리브오일을
   떨구고 파르메산치즈를 강판에 갈아 뿌려 요리를
   완성한다.

+

담백한 맛의 토란을 바삭하게 구워
죽염을 솔솔 뿌려 먹어도 맛있고,
양념장을 곁들여 반찬으로 내도
그만이다. 간단한 조리법이지만
담백하고 고소한 토란 특유의 맛을
듬뿍 느낄 수 있는 요리.

토란구이

재료

토란 10~12개
식물성기름 2~3큰술
굵은소금 약간

양념장

쪽파 1대
한식간장 1½큰술
생강즙 1/2작은술
매실액 1작은술
참기름 1/2작은술
물 1큰술
통깨 약간

만드는 방법

1 토란은 껍질을 깎고 굵은소금에 잘 버무려
   미끈거리는 점액질을 제거한 뒤 1cm 두께로
   동글동글 썬다.

2 쪽파를 얇게 송송 썰어 다른 양념장 재료와 함께
   섞어 준비한다.

3 팬에 식물성기름을 적당히 두르고 토란을
   노릇하게 굽는다.

4 구운 토란과 준비한 양념장을 함께 담아내 요리를
   완성한다.
   tip 구운 토란에 소금을 솔솔 뿌려 간식으로 먹어도 맛있다.

토란은 알이 굵고 튼실한 것으로 구입해 껍질에 붙은 흙을
깨끗이 씻어낸 다음 칼로 껍질을 벗겨내 사용한다.

토란
과콰몰리

+

과콰몰리는 원래 아보카도로
만드는데, 이 아보카도는 사실 아마존
산림을 훼손해 재배되고 있으며, 푸드
마일리지가 높아 환경에 좋지 않은
과일이다. 하여 아보카도의 사용을
자제하고 있는데, 가끔 그 고소한
맛이 그리울 때면 식감이 가장 비슷한
토란을 활용한다. 아보카도를 활용한
대표 요리인 과콰몰리 또한 토란을
활용해 만들면 그 미끈한 식감에서
비슷한 맛을 찾을 수 있다.

재료

토란 4~5개
양파 1/2개
방울토마토 4개
풋고추 1~2개
굵은소금 약간

양념

다진 마늘 1작은술
레몬즙 1큰술
화이트발사믹식초 1큰술
소금 · 통후춧가루 약간씩

만드는 방법

1 토란은 껍질을 벗기고 굵은소금에 버무려 그대로
  끓는 물에 넣고 삶는다.

2 젓가락을 찔렀을 때 쉽게 들어갈 만큼 푹 익힌 뒤
  채반에 토란을 건져내 그대로 식힌다. 식힌 토란은
  4등분 해 썬다.

3 양파는 곱게 채 썰고 방울토마토 역시 4등분 한다.
  풋고추는 얇게 송송 썬다.

4 토란과 양파, 방울토마토, 풋고추를 준비한
  양념으로 버무려 완성한다.

토란 특유의 미끈한 식감을 줄이기 위해서는 껍질을
벗겨낸 다음 굵은소금에 잘 버무려야 한다.

4

春 夏 秋 冬

...

겨
울

당근

배추

해조류

1 당근

당근은 11월에서부터 2월 사이에 단맛이 한껏 올라오는 뿌리채소로
우리 몸을 따뜻하게 데워주는 성질이 있어 겨울에 섭취하기에 알맞다.
지용성 비타민이 풍부해 기름과 함께 조리했을 때 흡수율이 높아진다.
당근은 세척하지 않은 흙 당근으로 구입하는 것이 좋다. 부드러운
소재의 솔이나 수세미로 문질러 씻은 뒤 껍질째 활용한다. 싱싱한
당근은 껍질이 얇고 조직이 단단하면서도 단맛이 강해서 당근
하나만으로도 오롯이 깊은 맛을 낼 수 있다. 좌우 대칭이 바르고
선명한 붉은빛을 띠는 것으로 고른다.

2 배추

요리를 할 때는 포기배추보다는 흔히 쌈배추라고 불리는 작은
크기의 알배추를 활용하는 경우가 더 많다. 배추는 서늘한 성질을
가졌지만 익혀 먹으면 차가운 성질을 줄일 수 있어 겨울에 활용해도
좋은 제철 채소다. 게다가 비타민 C가 풍부해 감기 예방에도 탁월하다.
품질이 좋은 배추는 들었을 때 묵직한 무게감이 느껴지고 탱탱하게
보이는 것으로, 이런 배추는 대게 속이 꽉 찬 실한 배추일 확률이
높으니 배추를 고를 때 참고하자.

3 해조류

마크로비오틱 식단에서 해조류는 조금씩 매일 섭취해야 하는
귀중한 재료 중 하나다. 특히 겨울이 되면 미역과 다시마, 곰피 등의
해조류를 싱싱한 생것으로 만날 수 있어 반갑다. 해조류는 날이
따뜻해지기 시작하면 금방 상하기 때문에 말리거나 염장해 유통한다.
따라서 싱싱한 해조류의 맛을 느끼고 싶다면 제철인 겨울을 놓치지 말 것.
해조류는 혈액을 맑게 하고 조혈 작용을 돕는 철분이 풍부해 몸의
부기나 멍울을 관리하는 데 도움이 되며 중금속을 배출시켜 주는
고마운 재료이니 다양한 요리에 활용해보자.

4 대파

대파는 사시사철 언제나 만나볼 수 있는 기본 재료지만 특히나 추운
겨울에 영양과 맛이 가득하다. 파 뿌리는 감기에 특효약이라고 할 수
있는데, 열이 날 때 끓여 먹으면 땀샘을 자극, 발한 작용을 도와 열이

대파

묵나물

비트

시금치

내려가게 하고 코막힘이나 두통에도 효능이 있다.

대파의 흰 부분은 어떤 음식에도 두루 사용 가능하지만 진액이 많은 푸른 잎사귀는
파를 다져 넣는 요리에는 적합하지 않으니 참고한다.

5 묵나물

묵나물이란 봄에 많이 나오는 나물을 갈무리하기 위해 삶아서 말려놓은 것을
말한다. 그래서 묵나물의 종류는 취, 머위, 시래기, 고사리, 곤드레, 방풍, 고비 등 나물
종류만큼이나 다양하다.

묵나물은 햇빛과 바람에 말리는 동안 칼슘과 비타민이 풍부해지고 자연의 에너지가
더해져 우리 몸에 더욱 이롭다. 정월 대보름에 이런 나물을 섭취하는 풍습 또한
겨우내 부족했던 영양분을 공급하는 의미가 있다. 묵나물을 고를 때는 생산지가 청정
지역인지를 확인하는 것이 품질 좋은 것을 구하는 비법이다.

잘 말려진 묵나물은 밀봉이 되는 봉투에 넣어 건조하고 어두운 실온에서 보관하면
된다. 보관 방법에 문제가 있거나 너무 오래된 것은 불쾌한 냄새가 나는데 이때는
과감하게 버리는 것이 좋다.

6 비트

자르면 진한 핏빛 즙을 내뿜는 비트는 실제로 우리 몸의 피와 혈관에 이로운
채소다. 적혈구를 생성하여 빈혈에 좋을 뿐만 아니라 혈관 노화도 예방해준다.

비트의 빨간 빛깔을 내는 베타인이라는 색소는 세포 손상을 막아주며 항산화 효과도
뛰어나다. 토질의 영향을 많이 받는 뿌리채소이므로 가능하면 유기농으로 재배된 것을
골라야 한다. 신선하고 껍질이 얇은 유기농 비트는 깨끗이 씻어 껍질째 먹어도 좋다.

비트는 제주를 기준으로 11월에서 겨울에 걸쳐 수확이 되는데, 이때 노지에서 자란
것을 구입해 먹으면 당도가 높아 맛있다. 생즙을 과도하게 섭취했을 때 메스꺼움이나
현기증을 일으키는 독성을 포함하고 있으니 익혀 먹거나 다른 채소와 함께 먹는 것이
요령이다.

7 시금치

시금치는 여름, 가을에 나는 길쭉하고 잎이 연한 것과 겨울과 봄에 걸쳐 나오는
키가 작고 잎이 두터운 것(포항초, 섬초) 등으로 나뉜다. 그중 포항초와 섬초는 염분이 낀
바닷바람을 맞고 노지에서 자라나 맛이 진하고 달다. 붉은 뿌리 쪽에 풍부한 영양분이
포함되어 있으니 손질할 때 이 부분을 너무 짧게 자르지 않는 것이 좋다.

시금치는 철분과 엽산이 풍부해 빈혈에 도움이 되니 제철에 놓치지 않고 섭취해야

팥

콜리플라워 & 브로콜리

콜라비

한다. 단 결석을 유발하는 수산이라는 성분을 많이 포함하고 있어 되도록 익혀 먹어야 한다.

8 팥

팥은 예로부터 신장의 기능을 도와 부기 제거에 효능이 있는 곡류로 알려져 왔다. 실제로 팥에 포함된 사포닌 성분이 이뇨 작용을 돕고, 비타민 B군도 풍부해 피로 해소에 도움이 된다. 팥을 고를 때는 크기가 비교적 일정한지 혹시 썩은 알갱이가 섞여있지는 않은지 살펴보는 것이 좋다. 보관할 때는 공기에 닿지 않도록 밀폐 용기에 넣어 서늘하고 어두운 곳에 두어야 한다.
겨울철에는 혈관이 수축되면서 혈압이 오르기 쉬운데 팥은 혈액 순환을 도와주므로 심혈관 질환 예방에 좋다. 또한 칼륨이 풍부하여 축적된 나트륨을 배출시켜 주고 붓기를 빼는 데도 탁월하니 겨울철 꼭 먹어야 할 제철 재료라 할 수 있다.

9 콜리플라워 & 브로콜리

브로콜리와 콜리플라워는 더위에 약하고 추위에 강한 채소다. 그래서 겨울을 지낸 뒤 찬 기운이 가시기 전까지가 가장 달고 맛이 좋다. 브로콜리를 고를 때는 녹색이 너무 진하지 않고 약간의 연두빛이 도는 것, 또 꽃송이가 작고 단단하게 아문 것을 골라야 한다. 콜리플라워 역시 봉오리가 잘 아문 것, 또 노랗게 변색되지 않고 전체적인 모양이 동그랗고 통통한 것을 고른다.
브로콜리는 기둥 부분도 먹을 수 있는데 껍질이 두껍고 섬유질이 질겨서 칼로 벗겨내고 조리해야 한다. 벗겨낸 껍질은 맛국물 우릴 때 넣으면 좋다.
두 채소 모두 조리 직전까지 찬물에 최소 15분 정도 담가두었다 사용하면 잔류 농약을 제거할 수 있을 뿐만 아니라 더 싱싱한 상태에서 조리할 수 있다.

10 콜라비

양배추와 순무를 교배해 만든 콜라비는 겨울에 특히 맛있는 채소다. 가격도 저렴해 장바구니에 부담없이 담을 수 있고 보관 기한도 비교적 넉넉해 냉장고에 넣어두었다가 필요할 때 꺼내 조리하면 된다. 과일처럼 깎아 생으로 먹어도 특유의 단맛을 즐길 수 있다.
콜라비에는 비타민 C가 풍부해 추운 겨울, 감기 예방에 좋으며 무엇보다 칼슘이 풍부해 아이들 치아와 골격의 바른 성장에도 도움이 된다. 껍질이 두껍고 질긴 것이 특징인데 이는 강한 섬유질 때문으로 껍질을 두껍게 깎아 제거하고 조리하면 먹을 때 입안에 섬유질이 남지 않는다.

살이 보드라운 햇당근이 나올 때
추천하는 메뉴로 겨울철 따끈하게
먹기에 좋다. 두부가 함께 들어가
단백질도 보충할 수 있어 영양소를
두루 섭취할 수 있는 고마운 메뉴다.

당근
웜샐러드

재료

당근 1개

두부(부침용) 150g

식물성기름 약간

소금 · 통후춧가루 약간씩

소스

브로콜리 1/4개

마늘 2개

올리브오일 1큰술

홀그레인머스터드 1작은술

양조간장 1작은술

메이플시럽 1작은술

소금 · 통후춧가루 약간씩

만드는 방법

1 당근은 길이를 살려 2cm 두께로 길쭉하게 자른다.
마늘은 얇게 저며 준비한다.

2 두부는 부침용으로 준비해 물기를 뺀 다음 사방
1.5cm 크기로 깍둑 썬다.

3 프라이팬에 기름을 얇게 두르고 당근을 올려
소금과 통후춧가루로 간을 하며 노릇하게 구워
꺼낸다. 팬에 기름을 더해 두부와 마늘도 굽는데,
역시 소금과 통후춧가루로 간을 한다.

4 브로콜리는 봉오리를 나눈 뒤 찜기에 찌거나
데쳐서 곱게 다진다. 구운 마늘도 함께 다져
준비한다.

5 다진 브로콜리와 마늘을 다른 재료와 섞어 소스를
만든다.

6 구운 당근과 두부를 접시에 담고 *5*의 소스를 얹어
요리를 완성한다.

오리엔탈
라페

+

라페는 프랑스 음식으로 재료를
강판에 갈거나 거친 식감이 나도록
썰어 소스에 재운 형태의 샐러드다.
그중에서도 당근을 활용한 라페가
가장 대중적인데, 넉넉히 만들어
냉장고에 보관해두고 먹으면 좋다.
라페 자체를 하나의 요리로 즐겨도
되지만 샌드위치나 빵에 곁들여 먹는
것도 별미다.

재료

당근 2개
레몬 슬라이스 2장
소금 약간

소스

양파 1/8개
현미식초 1큰술
양조간장 1작은술
식물성기름 3큰술
연겨자 1작은술

만드는 방법

1 당근은 곱게 채 썰어 소금에 20분 절인 뒤 체에
   밭쳐 물기를 뺀다.

2 소스의 재료를 모두 믹서에 담고 곱게 갈아
   준비한다.

3 채 썬 당근과 준비한 소스, 레몬 슬라이스를 함께
   버무려 10분 이상 절인다. 이후 소금으로 간을
   맞춰 요리를 완성한다.

배추
수프카레

+

앞서 소개한 다시마표고국물이나
자투리채소국물과 같은 맛국물을
준비했다면 건다시마 없이도 깊은
맛을 낼 수 있다. 취향에 맞추어
해물이나 닭고기와 같은 재료를
추가하면 더 풍성한 맛의 수프카레를
만들 수 있으니 활용해보자.

재료

알배추 1통
방울토마토 12개
카레가루 4인분
건다시마(5×10cm) 1장
물 5컵
올리브오일 약간
소금 약간
이탈리안파슬리(또는 쑥갓)
약간

만드는 방법

1 알배추는 길쭉한 모양으로 4등분 해 자른다.
   방울토마토는 꼭지에 십(十)자 모양으로 칼집을 내
   준비한다.

2 팬을 달군 뒤 올리브오일을 두르고 알배추가
   노릇해질 때까지 굽다가 물을 4컵 부어 끓인다.

3 남은 물 1컵에 카레가루를 풀어 준비한다.

4 수프를 끓이는 팬에 건다시마와 준비한
   방울토마토를 넣은 뒤 배추가 충분히 부드러워질
   때까지 끓인다.

5 카레가루를 풀어둔 물을 팬에 붓고 10분 정도
   더 끓인 뒤 소금으로 간을 맞춘다. 그릇에 담고
   파슬리나 쑥갓 등으로 장식해 내도 잘 어울린다.

배추의 식감을 오롯을 느끼기 위해서는 배추 꼭지에 십(十)자
모양을 낸 뒤 그대로 길쭉하게 잘라 사용하는 것이 좋다.

배추
현미전

+

전을 부칠 때 흔히 사용하는 밀가루
대신 글루텐 프리인 현미가루를 활용해
반죽을 만들면 소화도 잘되고 밀가루
알러지가 있는 이들도 먹을 수 있다.
제철 배추의 단맛을 가장 잘 즐길 수
있는 요리법으로 배추를 물에 살짝 삶아
숨을 죽여서 조리하면 전을 부치기도
쉽고 간도 잘 밴다.

재료

알배추 1/2통
물 2½컵
굵은소금 1큰술
식물성기름 적당량

부침 반죽

현미가루 1컵
물 1½컵
소금 약간

만드는 방법

1 알배추는 잎을 떼어낸 다음 물 2½컵에 굵은소금
   1큰술을 푼 소금물에 넣고 10분 정도 삶는다.
   채반에 밭쳐 식혀서 물기를 빼고 준비한다.

2 부침 반죽 재료를 모두 섞어 준비한다.

3 널찍한 팬에 식물성기름을 두르고 준비한 배추를
   나란히 놓은 뒤 부침 반죽을 국자로 떠 고루 끼얹어
   노릇하게 굽는다.

매생이전

+

흔히 떡국에 넣어 먹거나 국의 재료로
활용하는 매생이는 냉동고에
보관해두어도 식감과 향이 크게
변질되지 않아 언제고 먹을 수 있는
고마운 재료다. 가격이 저렴한 겨울철에
넉넉히 사서 손질해 쟁여두자. 비슷한
재료인 파래보다 식감이 더 부드럽기
때문에 아이들 먹기에도 부담스럽지
않다. 매생이 반죽 위에 고소한 잣을
올려 구우면 잣 특유의 고소한 맛과 향,
영양까지 더할 수 있다.

재료

매생이 200g

잣 1큰술

반죽

찹쌀가루 2큰술

우리밀가루 5큰술

물 1/2컵

참기름 1작은술

소금 약간

만드는 방법

1 매생이는 깨끗이 씻어 물기를 빼내 준비한다.

2 큰 볼에 찹쌀가루와 우리밀가루, 소금을 넣고
   섞는다. 가루가 잘 섞이면 물을 넣어 농도를
   조절하고 참기름도 넣어 섞어준다.

3 준비한 매생이를 적당한 길이로 자른 뒤 2의 반죽에
   넣어 잘 섞는다.

4 잣을 곱게 다져 준비한다.

5 기름을 두른 팬에 3을 지름 4~5cm 원형 모양으로
   떠 올려 노릇해질 때까지 굽는다. 반죽이 완전히
   굳기 전에 준비한 잣을 가운데에 올려 마저 익힌다.

매생이는 큰 볼에 넣은 뒤 손으로 잘 흔들어가며 서너 번 헹궈 사용한다.
물기를 뺄 때는 체에 밭친 뒤 손으로 꼭 짜낸다.

생톳
두부무침

+

톳은 칼슘과 철분, 요오드와 같은 성분이
풍부해 아이들과 노인의 뼈 건강과
빈혈에 특히 좋다. 보통은 끓는 물에
데쳐 초고추장을 곁들여 먹지만, 식물성
단백질이 풍부한 두부로 양념을 만들어
무쳐내면 그 맛이 더욱 산다. 생톳을
구하지 못했다면 말린 톳을 물에 불려
활용할 수 있다.

재료

생톳 250g
두부(부침용) 100g
통깨 1½큰술
한식간장 1큰술
된장 1/2작은술
생강즙 1/2작은술
참기름 1작은술

만드는 방법

1 생톳을 깨끗이 씻어 끓는 물에 파란빛이 돌 때까지
  데쳐낸다. 찬물에 헹군 뒤 물기를 빼고 먹기 좋은
  크기로 썰어 준비한다.

2 끓는 소금물에 부침용 두부를 넣고 3~5분간 삶은
  뒤 건져내 물기를 빼낸다.

3 절구에 통깨를 넣고 곱게 간 다음 준비한 두부,
  한식간장, 된장, 생강즙, 참기름을 넣고 한 번 더
  곱게 간다.
  tip 믹서를 이용해 갈아내도 무방하다.

4 갈아낸 재료에 톳을 추가해 함께 무쳐 요리를
  완성한다.

+

단맛이 가득 든 제철의 대파로 만들었을
때 그 진가가 제대로 드러나는 요리다.
대파가 맛있을 때 만들어두었다가
고기를 먹을 때 곁들이 반찬으로 내어도
궁합이 좋다.

대파구이

재료

대파 3대
홍고추 1개
생강(엄지손톱 크기) 1조각

소스

양조간장 1½큰술
매실액 1½큰술
들기름 1½큰술
사과식초 1큰술

만드는 방법

_1_ 대파는 6~7cm 길이로 썰어 준비한다. 두꺼운
것은 반으로 가른다.

_2_ 홍고추는 반으로 길게 갈라 씨를 털어낸 뒤 얇게
송송 썬다. 생강은 곱게 다져 준비한다.

_3_ 손질한 대파를 기름을 두른 팬에서 노릇노릇하게
굽는다.

_4_ 준비한 홍고추와 생강을 소스 재료와 한데 넣고
섞은 뒤 갓 구운 대파도 넣어 2~3시간 정도 재워
요리를 완성한다.

대파는 잘 씻은 후 뿌리 쪽이 밑으로 가게 세워서 냉장고에서 보관하면 오래간다.
뿌리는 흙이 많기 때문에 물에 담가 불렸다가 씻는 게 요령이다.

+

유통 기한이 얼마 남지 않은 두부는
물기를 잘 뺀 상태에서 얼려두었다가
해동하면 쫄깃한 식감이 살아나
색다른 요리로 활용할 수 있다. 만약
얼린 두부가 준비되지 않았다면 일반
두부를 활용해도 좋다.

대파
두부구이

재료

대파 2대

무(3cm) 1토막(80g)

얼린 두부 340g

식물성기름 적당량

한식간장 적당량

소금 적당량

만드는 방법

1 대파는 최대한 얇게 송송 썰어 차가운 물에 담가
매운맛을 빼고 파릇하게 살려낸다.

2 무는 강판에 곱게 갈아낸 뒤 물기를 꼭 짠다.

3 얼린 두부는 해동 후 물기를 짜고 사방 4~5cm 크기,
1cm 두께로 썰어 기름을 두른 팬에서 노릇하게
구워낸다. 이때 소금으로 간을 한다.

4 그릇에 두부를 담고 그 위에 물기를 짜낸 무와
송송 썬 대파를 올리고 한식간장을 뿌려 요리를
완성한다.

무청
시래기조림

무청시래기는 칼슘과 비타민 D가
풍부하여 뼈 건강에 도움이 된다.
겨울에 부족하기 쉬운 비타민과
무기질을 보충하기 좋은 건나물 중
하나다. 시래기를 삶은 다음에는
겉의 얇은 섬유막을 벗겨내야 식감이
부드러우며 양념도 더욱 잘 밸 수
있으니 귀찮더라도 손질을 해주어야
한다.

재료

무청시래기 55g

다시마표고국물(33쪽 참고)
1/2컵

다진 파 2큰술

다진 마늘 1/2큰술

한식간장 약간

들깻가루 2½큰술

찹쌀가루 1작은술

물 5큰술

들기름 약간

통깨 적당량

만드는 방법

1 시래기가 담긴 냄비에 나물이 충분히 잠길 만큼
  찬물을 붓고 1시간 정도 삶는다.

2 삶은 물을 버리지 않고 그대로 두어 2시간 정도 더
  불린 뒤 시래기를 건져 깨끗한 물에 헹군다.

3 시래기의 섬유질을 제거하고 4~5cm 길이로 자른
  후 물기를 꼭 짜준다.

4 시래기를 다진 파, 다진 마늘, 한식간장과 함께
  무쳐서 들기름을 두른 팬에 볶는다.

5 어느 정도 볶아지면 다시마표고국물을 넣고
  졸이다가 마지막으로 한식간장으로 한 번 더
  간한다.

6 찹쌀가루, 들깻가루를 한데 넣은 뒤 물 5큰술을
  붓고 잘 풀어 5에 넣는다. 뭉치지 않도록 고루 저은
  뒤 통깨를 뿌려 요리를 완성한다.

+

곤드레나물은 봄에서 여름에 걸쳐
나오는 채소인데 삶아서 말려 묵나물을
만들면 향이 더욱 좋아진다. 흔히
곤드레밥을 지어 먹는데, 밥에 그 향과
영양이 고스란히 전달되어 맛있다.
여기서처럼 나물을 만들어도 그 맛과
향, 영양을 오롯이 즐길 수 있다.

곤드레나물
멸치볶음

재료

건곤드레 50g

건멸치 2/3컵

다진 마늘 1큰술

다진 파 2큰술

한식간장 1큰술

청주 2큰술

물 1/2컵

들기름 적당량

통깨 적당량

만드는 방법

1 건곤드레는 물에 부드럽게 삶아 제물에 불린 뒤
    물기를 짜 준비한다. 잎이 너무 크면 먹기 좋은
    크기로 썬다.

2 준비한 곤드레나물을 다진 마늘과 다진 파,
    한식간장에 조물조물 무친다.

3 건멸치는 머리와 내장을 떼어 손질한다.

4 팬에 들기름을 두르고 양념한 곤드레나물을
    볶다가 멸치와 청주를 넣고 물을 자작자작하게
    부어 졸인다.

5 양념이 졸아들면 한식간장으로 간을 맞추고
    통깨를 뿌려 완성한다.

멸치는 중간 크기의 것을 사용한다. 멸치의 머리와 내장을 깨끗이 제거해야
더욱 깔끔한 맛을 즐길 수 있으니 손질하는 것이 좋다.

비트
키위샐러드

비트를 익히면 생비트를 많이 섭취했을
때 나타날 수 있는 메스꺼움과 같은
부작용을 줄일 수 있을 뿐만 아니라,
식감도 더 부드러워져 마치 새로운
식재료처럼 즐길 수 있다. 레시피에
사용된 레드키위는 일반 키위로
대체해도 무방하다.

재료

비트 1개
레드키위 2개
소금 약간
타임 적당량

드레싱

양파 1/4개
올리브오일 2큰술
화이트발사믹식초 1½큰술
소금 · 통후춧가루 약간씩

만드는 방법

1 껍질을 벗긴 비트를 4~5cm 크기, 3mm 두께로
   나박썰기 한다.

2 팬에 약간의 소금물을 붓고 비트를 넣은 뒤 뚜껑을
   닫은 채 중불에서 푹 익힌다.

3 레드키위는 1cm 두께로 반달 모양으로 썬다.

4 양파는 곱게 다져 다른 드레싱 재료와 함께 섞는다.

5 푹 익은 비트를 차게 식힌 뒤 준비한 드레싱과 함께
   버무린다.

6 그릇에 비트와 레드키위를 보기 좋게 섞어 담은 뒤
   준비한 타임의 잎을 뜯어 올려 풍미를 더한다.

비트의 껍질은 칼을 이용해 과일 껍질 벗기듯
하면 쉽게 벗겨진다.

비트피클

일반적으로 피클을 만들 때에는 많은
양의 설탕이 들어가 단맛이 무척 강한데,
설탕 대신 매실액을 사용하면 더 깊은
맛과 향을 즐길 수 있다. 대신 소금으로
조금 센 간을 해야 오래 보관할 수 있으니
소금의 양에 유의해야 한다. 피클액을
끓인 직후 뜨거울 때 부으면 피클이
빨리 완성돼 바로 다음 날부터 먹을 수
있고, 식힌 뒤 부으면 3~4일 정도 지나야
알맞게 익은 피클을 먹을 수 있다.

재료

비트 2개
양파 1개

피클액

사과식초
(또는 현미식초) 6큰술

매실액 5큰술

황설탕 2큰술

소금 2작은술

정향·월계수잎·통후추
약간씩

물 3/4컵

만드는 방법

1 비트는 껍질을 벗기고 7~8mm 두께, 4~5cm
크기로 나박나박 썬다. 양파는 1cm 너비로 채 썰어
준비한다.

2 피클액 재료를 모두 냄비에 넣고 한소끔 끓인다.

3 준비한 비트와 양파를 내열 용기에 담은 뒤
*2*의 뜨거운 피클액을 붓고 식으면 뚜껑을 닫아
보관한다.

4 다음 날 피클액을 냄비에 따라내서 한 번 끓인 뒤
3분 정도 더 졸인다. 식으면 다시 병에 부어준다.
이 작업을 일주일 뒤 한 번 더 해서 냉장고에
보관한다.

+

시금치는 수산 성분이 많아 결석을
유발할 수 있는 채소이기도 하다.
하지만 두껑을 열고 끓는 물에 데치면
제거된다. 또 된장을 풀어 된장국의
형태로 먹으면 된장이 가지고 있는
배출 작용으로 이를 예방할 수 있다.

시금치
된장국

재료

시금치(포항초 또는 섬초)
200g

무(2cm 길이) 1토막

다시마표고국물(33쪽 참고)
3컵

된장 2큰술

생강즙 1작은술

만드는 방법

1 시금치는 깨끗이 씻어 다듬은 뒤 끓는 물에
데친다. 무는 3mm 두께로 나박나박 썰어
준비한다.

2 준비한 다시마표고국물을 냄비에 붓고 서서히
끓어오르면 중불로 올린다.

3 팔팔 끓는 국물에 무를 넣고 무가 투명해질 때까지
끓인 뒤 시금치를 넣어 한소끔 더 끓인다.

4 된장을 풀어 넣고 불에서 내린 다음 생강즙을
넣는다. 한 번 더 끓어오를 때까지 끓인 뒤 요리를
완성한다.

시금치는 뿌리 쪽에 풍부한 영양분이 포함되어 있으니 손질할 때 이 부분을
너무 짧게 자르지 않는 것이 좋다. 너무 굵은 것은 뿌리 쪽에 칼을 넣어 반이나
십(十)자로 갈라 손질한다.

시금치
귤무침

단맛이 강한 제철의 시금치에 상큼한 귤, 향긋한 생강을 더해 요리했다. 귤 대신 천혜향이나 한라봉도 활용할 수 있다. 양념에 활용할 들기름은 볶지 않은 들깨로 만든 생 들기름을 사용해야 더욱 산뜻하게 즐길 수 있다.

재료

시금치 200g

귤 1개

생강(엄지손톱 크기) 1조각

양조간장 1큰술

생들기름 2/3큰술

만드는 방법

1 시금치는 뿌리를 깨끗하게 다듬고 굵은 것은 뿌리 쪽에 칼을 넣어 반이나 십(十)자로 갈라 준비한다.

2 손질한 시금치를 끓는 물에 살짝 데친 뒤 찬물에 헹구고 물기를 꼭 짜낸다.

3 귤은 껍질을 벗기고 과육을 분리해 반으로 썬다. 생강은 곱게 채 썰어 준비한다.

4 시금치와 귤, 생강을 그릇에 담은 뒤 양조간장과 생들기름을 넣어 버무려 완성한다.

+

팥은 떡이나 디저트에 많이 활용하는
재료지만 전을 만들어도 맛있다. 너무
많이 섭취하면 소화가 힘들 수 있지만
곁들인 된장 소스가 소화를 도우니
궁합이 잘 맞는다.

팥전

재료

팥 1¼컵
단호박 1/10통(100g)
찹쌀가루 1/2컵
물 2¼컵
소금 1/2작은술
식물성기름 적당량

된장 소스

된장 1큰술
조청 1큰술
식초 1작은술
들기름 약간
쪽파 약간

만드는 방법

1 팥은 깨끗한 것으로 골라 씻어 압력솥에 담은 뒤
  약 1.5배(1¼컵)의 물을 붓고 뚜껑을 연 채 삶는다.

2 그사이 단호박은 손가락 두 마디 크기로 얇게
  썬다.

3 물이 끓어오르면 뚜껑을 닫고 약불에서 20분간
  졸인다. 뚜껑을 열고 소금을 넣어 수분이 증발될
  때까지 볶아준다.

4 삶은 팥 중 5~6큰술은 따로 덜어두고, 나머지는
  물을 1컵 부어 믹서에 곱게 간다.

5 4의 간 팥과 따로 덜어둔 팥 알갱이, 단호박,
  찹쌀가루를 한데 넣어 골고루 섞는다.

6 된장 소스의 재료를 모두 섞어 준비한다.

7 달군 팬에 기름을 두르고 섞어놓은 재료를
  숟가락으로 조금씩 떠 앞뒤로 노릇하게 굽는다. 잘
  익은 팥전을 된장 소스와 함께 낸다.

팥은 수분이 모두 증발할 때까지 골고루 섞어가며 볶아준다.
이때 팥 알갱이가 뭉그러지지 않도록 주의한다.

팥대추라테

+

팥과 대추를 함께 먹으면 신트림이
나거나 속이 더부룩한 것을 중화시켜
주는 효과가 있다. 게다가 건대추의
단맛이 부족했던 풍미를 더해줘 더
달콤하게 즐길 수 있다. 두유는 무가당
국산 콩 두유가 가장 좋다.

재료

팥 3큰술

건대추 3개

무가당두유 2컵

물 2컵

소금 약간

메이플시럽(또는 조청)
적당량

만드는 방법

1 팥을 깨끗이 씻은 뒤 냄비에 물 2컵을 붓고
건대추와 함께 무르도록 삶는다.

2 삶은 대추를 건져 씨를 발라낸 뒤 삶은 팥, 두유,
소금과 함께 믹서에 곱게 간다.

3 취향에 따라 메이플시럽이나 조청을 더해
완성한다. 시나몬가루를 뿌려도 잘 어울린다.

브로콜리는 익힐 때 나오는 물에 맛과
영양 성분이 많이 녹아있어 따로
조미료를 넣지 않아도 된다. 따로 데치는
대신 되도록 작게 썰어 소스 팬에서 함께
볶아 잘 익히면 맛과 영양이 살아있는
요리가 된다.

브로콜리
파스타

재료

스파게티 160g

브로콜리 1개

병아리콩 1/2컵

페페론치노(매운 고추) 1개

다진 마늘 1작은술

화이트와인
(또는 면수) 3~4큰술

올리브오일 2큰술

소금 · 통후춧가루 약간씩

파르메산치즈 적당량

만드는 방법

1 냄비에 소금을 넣어 면수의 간을 맞추고 물이 끓기
   시작하면 스파게티 면을 넣고 끓인다.

2 브로콜리는 봉오리를 나누어 떼어내 얇게 저미고,
   굵은 대는 얇게 채를 썰어놓는다. 페페론치노는
   부수어 준비한다.

3 팬에 올리브오일을 넉넉히 두르고 부순 페페론치노와
   다진 마늘을 넣고 약불에서 향이 올라올 때까지
   볶는다.

4 브로콜리도 팬에 함께 넣고 볶다가 조금 뻑뻑해지면
   준비한 화이트와인(혹은 면수)을 넣어 농도를 조절한다.

5 병아리콩을 넣어 함께 볶다가 소금과 통후춧가루로
   간을 맞춘다.
   tip 건병아리콩을 준비했을 때는 넉넉한 물에 하룻밤 불려 건진
   다음 깨끗한 물에 부드럽게 삶아(1kg 기준 1시간) 준비한다.
   넉넉히 삶아 냉장고에 보관해두고 샐러드나 밥에 넣어도 좋다.

6 마지막으로 삶은 스파게티 면을 건져 팬에서 함께
   볶는다. 완성된 파스타를 그릇에 옮겨 담은 뒤 취향에
   따라 파르메산치즈를 뿌려 요리를 완성한다.

콜리플라워와
브로콜리딥

+

콜리플라워와 브로콜리 고유의 맛을 한 번에 느낄 수 있는 요리다. 브로콜리딥의 경우 빵과의 궁합도 좋으니 다양하게 활용해보자. 참고로 브로콜리와 콜리플라워는 모두 저수분으로 익혀야 영양과 맛의 손실이 가장 적다. 이때 아삭한 식감을 즐기려면 빨리 익는 것부터 꺼내는 것이 요령이다. 작은 크기가 먼저 익고, 같은 크기라면 콜리플라워가 브로콜리보다 먼저 익는다.

재료

콜리플라워 1통

딥

브로콜리 1/2개
호두 2큰술
파르메산치즈 2½큰술
올리브오일 2큰술
소금 · 통후춧가루 약간씩

만드는 방법

1 콜리플라워는 대에 칼집을 깊게 넣어 손질한다. 브로콜리도 같은 방법으로 손질한다. 냄비에 물을 1/2컵 정도 붓고 소금을 넣은 후 콜리플라워와 브로콜리를 올려 뚜껑을 닫고 저수분으로 찌듯이 아삭하게 익힌다.
   tip 7분 정도 지나면 크기가 작은 브로콜리는 먼저 꺼내고 콜리플라워만 2~3분 더 익힌다.

2 익은 브로콜리와 호두는 곱게 다진 뒤 나머지 재료와 함께 섞어 딥을 만든다.

3 쪄낸 콜리플라워에 브로콜리딥을 곁들여 담아 요리를 완성한다.

+

무에 비해 조직감이 단단한 콜라비는
피클 못지않게 간단한 방식으로
깔끔하고 시원한 깍두기를 만들 수
있다. 피클에는 생각보다 많은 양의
설탕이 필요한데, 콜라비깍두기는
사과와 매실액을 활용하면 설탕 없이
건강한 단맛을 낼 수 있어 피클보다
선호하는 편이다.

콜라비
깍두기

재료

콜라비 1½개
매실액 3큰술
소금 2작은술

양념

사과 2/3개
고춧가루 1큰술
다진 마늘 1큰술
한식간장 1큰술

만드는 방법

1 콜라비의 껍질을 전부 깎아낸 뒤 사방 1.5cm 크기로
   깍둑썰기 한다.

2 콜라비에 매실액과 소금을 넣고 버무려 30분 정도
   재운다.

3 사과는 껍질째 강판에 갈아 고춧가루와 다진 마늘,
   한식간장과 함께 섞는다.

4 재워둔 콜라비의 물기를 빼고 양념과 함께
   버무린다. 실온에서 이틀 정도 숙성시켜 완성한다.

콜라비는 하얀 속살이 드러날 때까지 두껍게 깎아내서
억센 섬유질이 포함된 껍질을 전부 벗겨내야 한다.

콜라비장과

장과는 간장의 향과 맛을 살려서 볶는 전통 반찬이다. 보통 무나 오이로 만들지만 콜라비로 해도 맛있다. 콜라비는 수분이 적어 볶아도 물이 나오지 않고 양념도 잘 배어 조리하기 좋은 식재료다.

재료

콜라비 1개
소고기(홍두깨살) 80g
쪽파 5대
한식간장 1큰술
식물성기름 약간
통깨 적당량

양념

다진 마늘 1작은술
청주 1큰술
올리고당 1큰술
한식간장 1큰술
참기름 약간

만드는 방법

1 콜라비는 껍질을 깎아낸 뒤 4~5cm 길이, 5mm 두께로 채 썬다. 소고기도 비슷한 크기로 채 썬다. 쪽파 역시 4~5cm 길이로 썰어 준비한다.

2 양념 재료를 모두 섞어 준비한 소고기채를 무쳐놓는다.

3 팬에 식물성기름을 두르고 소고기를 넣어 색이 변할 때까지 살짝 볶은 뒤 꺼내둔다.

4 소고기를 볶은 팬에 다시 기름을 두르고 콜라비를 넣어 볶다가 콜라비의 숨이 살짝 죽으면 한식간장을 넣어 간을 맞춘다.

5 소고기와 쪽파를 다시 넣고 콜라비와 어우러지도록 함께 볶아서 불에서 내린 뒤 통깨를 뿌려 요리를 완성한다.

하루 한 가지 채소요리

펴낸날 초판 1쇄 2020년 5월 1일 ┃ 초판 5쇄 2023년 6월 10일

지은이 이양지

펴낸이 임호준
출판 팀장 정영주
편집 김은정 조유진
디자인 김지혜 ┃ **마케팅** 길보민
경영지원 나은혜 박석호 유태호 최단비

기획 이한결
사진 한정수(Studio etc. 010-6232-8725) ┃ **스타일링** 이화영
인쇄 (주)웰컴피앤피

펴낸곳 비타북스 ┃ **발행처** (주)헬스조선 ┃ **출판등록** 제2-4324호 2006년 1월 12일
주소 서울특별시 중구 세종대로 21길 30 ┃ **전화** (02) 724-7664 ┃ **팩스** (02) 722-9339
포스트 post.naver.com/vita_books ┃ **블로그** blog.naver.com/vita_books ┃ **인스타그램** @vitabooks_official

© 이양지, 2020

ISBN 979-11-5846-328-1 13590

비타북스는 독자 여러분의 책에 대한 아이디어와 원고 투고를 기다리고 있습니다.
책 출간을 원하시는 분은 이메일 vbook@chosun.com으로 간단한 개요와 취지, 연락처 등을 보내주세요.

비타북스 는 건강한 몸과 아름다운 삶을 생각하는 (주)헬스조선의 출판 브랜드입니다.